U0019377

當上主管後,
難道只能默默崩潰?

**Facebook產品設計副總
打造和諧團隊的領導之路**

卓茱莉 Julie Zhuo—— 著

許恬寧——譯

各方讚譽

第一次當主管通常會發生兩件事。第一件事是你**真的**很不想變成以前碰過的那些糟糕上司,第二件事是你毫無頭緒該如何避免成為那種惡魔。但救星來了。好好利用這本充滿智慧又實用的書,從目標、人、流程三方面著手,從一開始就快速成為人人愛的主管。——麥可・邦吉・史戴尼爾(Michael Bungay Stanier),《你是來帶人,不是幫部屬做事》(*The Coaching Habit*)作者

真希望我剛開始管理Instagram團隊的時候,手中就有這本書。茱莉面面俱到,從和你的團隊第一次開會,一直到一起完成龐大目標,完整探討管理職究竟是怎麼一回事。——麥克・克瑞格(Mike Krieger),Instagram共同創始人

本書作者卓茱莉當年被趕鴨子上架後,她在成功的矽谷新創公司以光速成長的環境中,要扮演的角色不斷擴充,必須立刻上手。她在本書分享自己學到的事——通常是跌一跤後學到的心得。書中除了提到組織如何運作的最新研究分析,也提供她自己曾經做對與做錯的故事,以各種好懂的有趣例子,介紹理論應用在真實世界的情形。——葛瑞琴・魯賓(Gretchen

Rubin），《過得還不錯的一年》（*The Happiness Project*）作者

　　新創公司的成員當上主管時，很少有人已經做好準備。本書作者卓茉莉提供新手管理者需要的工具，協助他們將部屬與公司帶向成功。——山姆・奧特曼（Sam Altman），YCombinator總裁與OpenAI共同董事長

　　卓茉莉的新書，補足了組織今日仍在採行的杜拉克（Drucker）年代的做法，從擔任教練、聘雇、開會、同理心、演講等各方面，提供各種實用的建議，甚至教你如何成為一個更好的人。在這個年代，科技帶來無限的通訊機會，但同時也讓你更難獲得團隊成員的注意力，卓茉莉的這本書帶人了解新時代的企業原則，絕對能同時讓菜鳥與老鳥經理的頭少痛一點。——前田約翰（John Maeda），Automattic公司全球運算設計與包容長

　　卓茉莉一路努力從實習生升為Facebook的產品設計副總裁，她聰慧、幽默、自省，永遠努力改善團隊、也改善自己。本書是她的工作指南。不論是高階主管或菜鳥，你一定是瘋了才不讀這本書。——傑克・納普（Jake Knapp），《Google創投認證！SPRINT衝刺計畫》（*Sprint*）作者

　　這本指南簡潔易懂，包羅萬象，非常適合剛開始擔任管理

職的人士。我們Slack公司以後可以發給新手主管這本書，設立新標準！——斯圖爾特·巴特菲爾德（Stewart Butterfield），Slack執行長與共同創始人

我見過好多人在幾乎沒得到指引的情況下，一下子成為高成長公司的管理階層。從現在起，我會送這樣的人士這本書。這本書提供實用的看法與經驗，立刻就能派上用場，好好助新手主管一臂之力，對我們這些公司老手來講也有幫助。——伊凡·威廉斯（Ev Williams），Medium執行長與Twitter共同創始人

我是創業者與執行長，讀遍**所有的**商業書，不過這本我將一讀再讀，了解如何協助團隊欣欣向榮。這是一本領導宣言，從新創公司到全球性巨型企業，各種大小的公司都適用。——布麗特·莫林（Brit Morin），Brit+Co創始人與執行長

你是新手上路的主管嗎？心中是不是有點不踏實？別擔心，本書作者卓茱莉來幫忙了。她在感到準備好之前，就接下這個年代最大型的新創公司管理職，但她從做中學，現在要引導大家也能在自己的工作中成長。卓茱莉從「目標」、「人」、「流程」三大領導主題著手，直攻最能帶來成功與滿足感的環節。本書將把大家導入正軌，再也不怕「誤入歧途」。——丹

尼爾‧H‧品克（Daniel H. Pink），《動機，單純的力量》（*Drive*）與《什麼時候是好時候》（*When*）作者

我當過顧問，日後成為執行長。我讀過的每一本商業書，作者都是男性。茱莉這本書帶來全新的領導觀點，她身兼傑出駭客、家中第一代美國人與年輕母親。這本書展現了茱莉受矽谷讚揚的所有精神：虛懷若谷、鼓舞人心、聰慧靈活。——勒伊拉‧珍娜（Leila Janah），Samasource和LXMI的執行長與創始人，《提供工作》（*Give Work*）作者

茱莉像是和你喝咖啡的朋友一樣，傳授你超需要的訣竅——她的寫作風格是不拋出一堆產業術語，一針見血指出如何能拿出信心領導，協助團隊拿出最好的表現。——尼爾‧艾歐（Nir Eyal），《鉤癮效應》（*Hooked*）作者

作者卓茱莉以相當深入淺出的方式，解釋管理者扮演的角色。她在書中提到第一次當主管碰上的各種尷尬、好笑與困難的時刻，讓人忍不住看下去，一起參與一場學習之旅。她清清楚楚解釋一切，教大家如何做出成效，讓團隊拿出最好的表現。如果是第一次當主管，可以從本書學到如何快速展開行動。已經有經驗的老鳥則能更上一層樓！——洛根‧格林（Logan Green），Lyft執行長與共同創始人

目錄

本書獻給麥克，
謝謝你和我一起管理
這場美好人生

迷思

真相

好主管是後天養成，
不是天生奇才

我還記得當年去開會，上司突然問我要不要當小主管。

那是天上掉下來的機會，就好像你和平日一樣出門慢跑，半路突然被海盜的藏寶箱絆倒。我心想：**哇，好奇妙**。

我和主管坐在一間十人會議室斜對角的位子，她解釋：「我們的團隊正在成長，需要多找一個人幫忙管理，你和每一個人都處得很好，要不要考慮看看？」

我當時在一間新創公司工作，才25歲，對於管理的印象就是「天天開會」和「升官了」。擔任管理職代表人生更上一層樓，對吧？每個人都知道，這就好像在一個狂風暴雨的黑夜，哈利·波特碰上魔法世界的海格來找他。這是踏上精彩職涯大冒險的第一步，我可不會拒絕這種大好機會。

所以我答應了。

一直到踏出會議室，我才開始仔細回想主管剛才講了什

麼。她剛剛說，**我和每一個人都處得很好**，不過管理應該不只這樣吧，但如果不只這樣，又是哪樣？答案即將揭曉。

．．．．

我也還記得第一次和直屬部屬會談的情景。

我遲到了，超過約定時間五分鐘才到，匆匆忙忙，上氣不接下氣，心想：**這可真是個糟糕的開始**。我從會議室的透明玻璃門，望見坐在裡頭的部屬，他眼睛死盯著手機。這間會議室，就是昨天我和主管見面的同一間會議室。事實上，也就在前一天，我和這位新部屬是同一個團隊的人，兩個人都是設計師，位子就在隔壁。我們平日各自努力手中的專案，沒事會隔著走道叫對方，問這樣設計好不好。然而我的新職務宣布後，我瞬間變成他的上司。

我告訴自己：**我沒緊張，我們會聊得很愉快**。我不是很確定要聊什麼，只希望這會是一場令人感到正式的會議，就跟昨天一樣，就跟前天一樣。就算同事對於我變成他上司的事，沒感到歡天喜地，至少要能坦然接受。

我才不緊張呢。

我走進會議室，原本盯著手機的他瞄了我一眼，我永遠忘

不掉他臉上那一刻的表情：那是一個厭世的青少年，不爽被迫參加小十歲的表妹的寶可夢生日派對。

「嗨，」我試著讓聲音不發抖，「所以，嗯，你最近正在忙什麼？」

他看起來更憤怒了，重重坐在椅子裡，活像一隻準備冬眠的熊。我感到臉上冒汗，雙耳漲紅，血管跳動。

我的設計沒他優秀，頭腦沒他聰明，經驗也沒比他豐富。光是從他的表情，我明白他對於我變成他主管的這件事，完全無法拿出風度接受。他的心聲明明白白寫在臉上，就好像用粗黑的麥克筆寫著：**妳根本不曉得自己在幹什麼。**

那一刻，我覺得他百分之百正確。

· · · ·

不管從哪個角度來看，我有朝一日會變成 Facebook 主管這件事，聽起來像是天方夜譚。我小時候住在上海的熱鬧街道，後來搬到潮濕的休士頓郊區。我是一個移民，不懂《星際大戰》（*Star Wars*）、麥可・傑克森（Michael Jackson）、《E.T. 外星人》（*E.T.*）的重要性。我在成長過程中，聽說過「矽谷」這兩個字，但我以為矽谷真的是「矽谷」：兩座山之間的谷地上，一排排的

工廠像生產好時（Hershey）巧克力棒一樣，生產著晶片。如果你問我「設計師」是做什麼的，我會回答「做漂亮衣服的人」。

不過，我從小就知道兩件事，我知道自己超愛畫畫和做東西。我有一張八歲的聖誕節早晨照片，照片裡的我笑得合不攏嘴，因為我收到整整哀求了一年的禮物：一盒全新的樂高海盜組，有猴子，還有鯊魚！

中學的時候，我會和最要好的朋友梅莉（Marie）交換筆記本，上面是我們在下課時間精心畫出的插畫。高中時，我們發現神奇的HTML可以讓我們同時把「畫畫」和「做東西」兩種嗜好，結合成一種完美的娛樂：我們可以製作網站，展示我們畫的作品。我想不出比這更美好的春假計畫，著魔似地學習Photoshop最新的線上教學（「如何畫出栩栩如生的皮膚」〔How to Achieve Realistic Skin Tones〕），或是重新設計網站，炫耀新的JavaScript小花招（滑鼠碰到時會發光的連結）。

我進史丹佛大學時，知道自己想研究電腦科學，所以選修演算法與資料庫課程，打算以後到時髦的老牌公司微軟上班，或是Google這種很有前途的年輕公司，很多學長姊都先後進去了。然而，在我大二那一年，史丹佛流行一股新風潮。我們興奮地在走廊上、在吃飯時聊：「好神奇！有一個網站，你可以瀏覽你暗戀的有機化學課同學的照片，知道室友最喜歡的品

牌，還可以在朋友的『牆上』留下密語！」

我深感著迷。Facebook不像任何以前聽過的東西，感覺很有活力，很像是我們這些大學生的活潑自我延伸至網路的世界，協助我們以新的方式認識彼此。

我聽說Facebook是幾個哈佛中輟生成立的，但我對新創公司所知不多，一直要到大四那年修了矽谷創業課，才知道：噢，新創公司是求知若渴，虛懷若愚的夢想家園地，有機會在創投仙子教父母的小小協助下，打造幻想中的未來。新創公司是創新的園地，各式各樣的聰明人聚集在一起，發揮鋼鐵般的意志。要是抓準了時機，好好苦幹實幹一番，夢想就會成真。

如果我這一生要加入一次新創公司，為什麼不選現在？趁還年輕、沒什麼好失去的時候？為什麼不加入我自己每天都很愛用的產品？我的好友Wayne Chang，六個月前加入Facebook，整天滔滔不絕講個沒完。「妳就來看看嘛。」他一直勸我，「至少過來實習，了解一下這間公司。」

我聽了他的話，跑去面試，很快就站在滿是塗鴉的大廳裡，成為Facebook第一個工程實習生。整間公司有如一場後院派對，當時「動態消息」（News Feed）的概念尚未成型，除了高中生和大學生，世上沒人聽過我們的服務。在社群網絡的世界，我們根本比不上有1.5億使用者的巨人MySpace。

然而，我們小雖小，卻有遠大的夢想，半夜還在寫程式，喇叭大聲播放傻瓜龐克樂團（Daft Punk）的歌。我們在心中告訴自己：**有一天，我們會比 MySpace 還大**，接著小小笑出聲，因為**我們終將連結全世界**的理想，聽起來太像在做春秋大夢。

　　實習兩個月後，我決定轉為全職。由於我在愛畫畫的時期就會用 Photoshop，朋友魯奇・桑維（Ruchi Sanghvi）建議，我可以考慮當設計師，和大家一起決定螢幕上要放什麼。我心想：**什麼？設計網頁是一種工作？好啊好啊！**

　　由於我們是一間新創公司，我平日想到一種新功能後，會突然給大家看設計提案，也沒人會覺得奇怪。當時所有人都身兼數職，看到問題就動手解決，修改程式，調整像素，看看效果如何，接著又回頭寫程式。就這樣，我在沒有任何刻意的規劃之下，無意間身兼**設計師**這項職務。

　　三年後，在那場改變命運的主管談話後，我扮演的角色再度產生變化。當時我們的設計團隊，幾乎已經是我進公司時的兩倍大。我撐過了新創公司狂飆成長的頭幾年，還以為自己早已習慣快速的變動，反正兵來將擋，水來土掩。

　　儘管如此，我沒料到管理職遠遠超出我的能力。首先，我管理的是產品設計師。我進 Facebook 前，甚至不曉得世界上有這種領域。此外，比起設計使用者介面或寫程式，管理人事，

管理大家如何一起工作，相關的責任完全是另一個世界的事。在頭幾個月與頭幾年，每件事都是新的，我感到很不自在。

我還記得頭一次替團隊面試新人的景象。我扮演的顯然是高高在上的角色——由**我**提問，由**我**決定對話該如何進行，由**我**來挑最後要不要用眼前這個人。然而，在整場45分鐘的面試中，我的手從頭抖到尾。萬一應徵者覺得我問了傻問題怎麼辦？萬一他們覺得我就是個假貨怎麼辦？我自己其實也那麼覺得。萬一我不小心讓我的團隊看起來像一群小丑在玩雜耍，那該怎麼辦？

我也記得自己第一次公布壞消息。當時我們推出一項令人興奮的新計畫，每個人瘋狂討論可能性，接著有兩名部屬同時問我，他們能不能負責帶領這次的計畫。我最終得拒絕其中一人。我預先設想各種恐怖的情境，站在家中的浴室鏡子前練習我要如何宣布落選的消息——我這樣的決定對嗎？我是不是打擊了別人的夢想？會不會有人憤而辭職？

我記得第一次在大批聽眾面前簡報，在Facebook的F8開發者大會上展示設計成果。現場鋪滿軟墊，霓虹燈閃爍。我們從來沒辦過那麼大規模的公開活動，這是大事。大會登場前，連續好幾個星期，我忍不住把簡報裡的每一個細節東改西改，不成功不行，而且要在公開場合講話嚇死我了。光是在全都很幫

忙我的同事面前練習，就已經感覺像在接受嚴刑拷打。

我努力扮演新角色。我還記得在那段惶惶不安的日子裡，心中不停冒出三種主要的感受：害怕、疑慮，還有**我是不是瘋了，怎麼會不安成這樣？**我身邊的每一個人看起來都非常自在，他們做起事來好容易。

我從來不認為管理是一件簡單的事，至今為止我依舊不這麼認為。

自從我第一次踏上管理之路，今日已經過了近十年，我的團隊已經又成長了千百倍。當人們按下手機上的「f」圖示，就會有超過20億人看見我們設計的體驗。我們絞盡腦汁設想細節，思考人們如何分享想說的話、如何和朋友保持聯絡，用對話與按讚來互動，一起建立社群。我們要是做得好，從比利時到肯亞，從印度到阿根廷，全球各地的人將感到更貼近彼此。

優秀設計的核心精神是了解人們、理解人們的需求、替大眾創造出最好的工具。我受管理吸引的許多理由，和我受設計吸引一樣——我感覺自己是在把力量交到他人手中，致力於提升人類的幸福。

我絕非管理專家，主要是從做中學，儘管出發點十分良好，依舊犯過無數的錯誤。然而，人生每一件事皆是如此：你去嘗試一件事，找出哪些地方可行、哪些地方不可行，記下心

得，下次就知道了，會愈來愈進步。做了一遍，再做一遍。

此外，我有許多幫手。我參加數個最優秀的領導力訓練課程（我最喜歡「關鍵談話」〔Crucial Conversations〕），手邊備有一再回頭翻閱的參考文章與書籍，例如：《葛洛夫給經理人的第一課：從煮蛋、賣咖啡的早餐店談高效能管理之道》（*High Output Management*）、《人性的弱點：卡內基教你贏得友誼並影響他人》（*How to Win Friends and Influence People*），還有最重要的是同事的協助。他們慷慨分享智慧，鼓勵我做得更好。我有幸能與馬克·祖克柏（Mark Zuckerberg）、雪柔·桑德伯格（Sheryl Sandberg）共事，其他Facebook過去和現在的多數同仁也教過我很多事。

我另一個自學的方式大約在四年前展開：我決定寫部落格。當時我想，如果能每週坐下來釐清一下紛亂的思緒，我將會更清楚所有事情。

我用文學名著的典故，把部落格命名為「鏡中奇遇的一年」（The Year of the Looking Glass），因為我和書中的主角愛麗絲一樣：「今天早上起來，我原本知道自己是誰，但我想我之後一定會改變好多次。」我想像在遙遠的未來，有一天我將回顧自己的文章，憶起一路上的旅程：**我以前碰過這些難題，後來一路上學到了這些事和那些事。**

其他人開始閱讀我的文章，還轉寄給朋友與同事。在各種活動場合與大會上，陌生人跑來找我，討論我寫下的東西，感激我分析自己碰上的棘手問題。來找我的人之中，許多是新手經理。也有人管理經驗已經很豐富，但目前碰上和我類似的成長擴張的挑戰。此外還有一群人目前尚未擔任過管理職，但正在考慮是否要踏上這條道路。

有讀者建議我：「妳應該出書。」我都一笑置之，只當成禮貌性的恭維，因為自己還有太多東西要學。或許有一天，等我功成名就，要退休了，已經找到貨真價實的優秀管理祕訣，就能舒舒服服坐在格紋扶手椅裡，在劈啪作響的爐火邊，寫下這一生累積的所有智慧。

然而，我告訴朋友這個想法，朋友翻白眼：「是沒錯啦，但等妳到了那種境界，妳早就不記得剛起步時，那種每一件事感覺都是新的、好困難、好瘋狂，究竟是怎麼一回事。一切都事過境遷了。」朋友說得對。有好多管理書是第一流的執行長和領導力專家寫的，市面上有無數的資源協助高階主管，高階人士可以透過最新的組織研究或企業潮流，學習增加效率。

然而，多數的管理者不是執行長或資深高階主管。多數人帶的是小團隊，有時甚至不是直接領導。多數人不會登上《富比士》（Forbes）或《財星》（Fortune）雜誌的報導，但依舊

是管理者，他們的目標都是「協助一群人達成共同的目標」。這樣的管理者有可能是老師或校長、隊長或教練、行政人員或企劃人員。

這樣一想後，我考量，**或許的確可以寫一本書，因為我的書將適合目前處於特殊狀態的族群**：被丟進深水區的新手主管。他們焦頭爛額，不曉得怎麼做最能協助部屬。有的人必須面對快速成長的團隊，也或者單純對管理感到好奇。不久前，我也是他們的一員。

管理團隊不容易，因為最終一切都與「人」有關，而所有人都是多面向的複雜生物。人有百百種，管理自然也百百種。

此外，以團隊的形式合作是這個世界前進的方式。相較於單打獨鬥，團隊能做到的事，在規模與眼界等方面遠遠更為龐大。一群人才有辦法打贏戰役，推陳出新。有組織才有辦法成功，任何偉大的功業都是由一群人打下的江山。

我深深相信，優秀管理者是後天培養而成，不是天生的。你是誰不重要。只要你在乎到會想要讀這本討論管理的書，你已經具備成為好經理的條件。

親愛的讀者，我希望這本書能提供有用的日常小訣竅，不過更重要的是，我希望本書能協助你了解管理的**為什麼**（why），因為唯有你真心相信自己的**為什麼**，才可能以有

效的**方法**執行（how）。世界上究竟為什麼要有管理者？為什麼你該和部屬一對一面談？為什麼你該雇用投履歷的A而不是B？為什麼這麼多管理者犯下相同的錯誤？

我提到的故事和觀點，有的或許只有我工作的環境才會碰到：日後名列《財星》五百大企業的高科技新創公司；或許你只會偶爾需要雇用一名新員工，開會不是你每日的重要行程。儘管如此，很多管理者每天要做的事是一樣的：提供部屬回饋、建立健康的公司文化、計畫未來。

最後，我希望本書能成為書架上的參考書。可以按照任何順序閱讀，隨時都能翻一翻。當你突然有了新的角度看待自身角色的某個環節，可以回頭再次翻閱。

我是設計師，但本書不談如何打造產品。你不會讀到有關優秀設計元素的深度思考，也不會讀到我對社群媒體的看法。我的目的不是坐在這告訴你Facebook的故事。

這本書講的是一個沒接受過正式訓練的人，如何成為自信的管理者。我希望自己當主管的頭幾年，在那些充滿恐懼、憂慮、懷疑自己是不是瘋了的日子，要是有這本書就好了。

本書會告訴你，你的恐懼，你的疑慮，全是正常的。跟我一樣，你會想出辦法的。

準備好了嗎？我們出發吧。

什麼是管理？

避免這麼做

盡量這麼做

2006年5月，我的工作剛起步，還不曉得自己欠缺了哪些知識。

一方面，由於Facebook當時是大學生和高中生的社群網絡，我自認在某方面是合適人選。你想想，還有誰會比像我這樣剛畢業的新鮮人，更了解Facebook的受眾？我等不及要在這個世界留下印記，沒家累，沒被教條綁住，沒重重跌過跤。此外，大學四年天天得準備考試，寫無止境的報告，熬夜跑程式馬拉松，努力努力再努力，我都撐過來了。

然而，我也有一些重大的不足之處，最主要的問題出在我缺乏經驗。我們的團隊和多數的新創公司一樣，主要把力氣用在把事情做出來，沒有太多的組織架構。我一直到進公司一年左右，上頭才有一名正式的主管，由團隊中最資深的設計師瑞貝卡（Rebekah）擔任。在那之前，我們是一個鬆散的團體，哪裡有需要，大家就去幫忙，接著兩年後，**我**突然升為經理。

我有很多東西得學，但現在回頭看，最訝異的是我對於什麼是「管理」，幾乎一無所知。

的確，從龐德的上司M到小說《小氣財神》（*A Christmas Carol*）中的守財奴史古基（Ebenezer Scrooge），從《華盛頓郵報》（*The Washington Post*）的發行人凱瑟琳・葛蘭姆（Katharine Graham）到《穿著Prada的惡魔》（*The Devil Wears Prada*）的

主管米蘭達（Miranda Priestly），我們全都熟悉什麼樣的人是好的管理者，什麼樣的管理者則惹人厭。上司不是什麼罕見的異國生物，多數人上頭都有主管。我爸媽一個是IT專家，一個是證券經紀人，還記得小時候吃晚餐時，他們會聊自己的上司那天說了什麼。我高中和大學當助教時，也有行政人員在一旁教我該怎麼做。

然而，如果在我生平第一次當主管前，你問我管理者的工作是什麼，我會這樣回答：

管理者的工作是……

◎ 和自己管理的人見面，協助他們解決問題；
◎ 告訴部屬他們哪裡做得好、哪裡做得不好；
◎ 找出誰該升職，誰該被開除。

快轉到三年後，我當了主管，多了一點了解。我的新版答案變成這樣：

管理者的工作是……

◎ 打造團結力量大的團隊；
◎ 協助成員達成事業目標；

◎ 制定流程，順利有效完成工作。

看得出來，我的答案從基本的日常活動（開會、給建議），改成朝較為長期的目標走（打造團隊、協助職涯成長）。新答案聽起來比較聰明，比較像個大人，幹得好！

然而……還是沒完全答對。你可能會想：**咦，這些答案有什麼不對嗎**？優秀的管理者，以上兩張清單的事絕對都會做到。

的確是那樣沒錯，但問題出在此類答案依舊只是各種待辦事項。如果我問你：「足球員的工作是什麼？」難道是參加練習、傳球給隊友，想辦法得分嗎？

你當然不會那樣回答。你會先告訴我，為什麼要做到那幾件事：「因為足球員的工作是贏球。」

那管理者的工作是什麼？要是不先深入了解這個問題的答案，就很難知道要如何擅長做到。

那就是為什麼我們要在第一章先談這件事。

用一句話
定義管理者的工作

　　想像一下，你決定要擺賣檸檬水的攤子，原因是你熱愛檸檬水，你認為檸檬水是一門好生意。

　　一開始，你需要做什麼似乎很明顯。你需要到店裡買一大袋檸檬，榨好檸檬汁，不手軟地加糖，然後加水。你找來一張折疊桌、一張休閒椅、水壺、保冷箱、幾個杯子，用粉筆畫好漂亮的招牌，宣布你有賣好喝的飲料（價格具備競爭力！），接著在一個繁忙的十字路口附近擺好攤子，雀躍詢問有沒有路過的人口渴了。

　　一切只有你一個人的時候很簡單。你用自己的手擠檸檬，用自己的腳走到店裡，走進廚房，再走到攤子。你用自己的手臂施力，拖動沉重的保冷櫃和水壺。萬一板子上的粉筆字很醜，那是你的問題。如果檸檬水太甜或太酸，你只能把錯怪到自己頭上。在你選擇去做之前，沒有任何事會自己完成。

　　然而，有好消息！女神碧昂絲（Beyoncé）發表了以檸檬水為主題的專輯，突然間人人都愛檸檬水！你才剛搞定一杯檸檬水，又冒出十個人擠在你的攤子旁，大家搶著喝這種能提振精

神又令人懷舊的飲料。你一個人忙不過來，決定請鄰居亨利與艾莉莎幫忙，付他們合理的薪水，交換他們替你工作。

恭喜！你現在是管理者了！

「什麼嘛，」你覺得這有什麼好說的，「我雇用他們，還付他們錢，我可是執行長，我是老大，我是老闆。我當然是管理者。」

事實上，就算你沒雇用鄰居，也沒付他們錢，你依舊是管理者。管理和雇傭狀態完全無關，但與「你再也不是靠自己一個人完成事情」百分之百相關。

現在你可以支配三雙手、三雙腳，以快上許多的速度製作與販售檸檬水。你們可以一個人負責調飲料，一個人負責收錢。你們可以輪班，有辦法營業更多小時，甚至空出時間貨比三家，找出更便宜的檸檬水原料。

在此同時，你放棄了一定程度的掌控權。你現在沒辦法事事都自己決定。萬一事情出錯，可能不是因為**你**做了什麼。萬一艾莉莎忘了加糖，一堆顧客會皺眉不高興。如果亨利一臉不爽，嚇跑客人，停下來買飲料的人會變少。

你覺得雖然雇人有好有壞，依舊值得。為什麼？因為你的目標還和當初一樣：你熱愛檸檬水，覺得檸檬水是好生意，你認為應該讓更多人品嘗到你心愛的好喝飲料，有了艾莉莎和亨

利助你一臂之力，你感到更可能成功。

這就是管理的關鍵：你相信團隊能一起做到的事，超過只有一個人能做到的事。你發現不必事事都自己來，不必每一件事都當最厲害的人，甚至不需要每一件事都知道該怎麼做。

身為管理者的工作，就是想辦法讓一群人合作，得出更好的結果。

先明白這個簡單的定義後，剩下的都能懂。

怎麼知道誰是優秀管理者？
誰是平庸管理者？

我以前以為判斷某個人是不是好的管理者，就跟判斷15歲的人能不能開車一樣直接了當。有一連串的測試，你每成功展示你做得到一件事，就能得到一個過關的打勾。其他人是否敬佩他們？他們能否解決策略性的大問題？是否擅長簡報？能否一天內解決20件重要的事？有沒有辦法一邊排隊等咖啡，一邊回電子郵件？他們是否化解緊張情勢？永遠有辦法讓生意成交？我還以為有諸如此類的評量標準。

當然，以上提到的都是理想的管理者特質，後文會再討論其中數點，不過測試某位管理者是否勝任，其實沒這麼複雜。

如果把管理者的工作，定義成讓一群人合作後得出更好的結果，那麼優秀管理者的團隊會持續端出好表現。

如果你在乎的結果是打造出欣欣向榮的檸檬水事業，那麼比起平庸管理者的團隊，優秀管理者的團隊有辦法帶來更多利潤，糟糕管理者的團隊則賠錢。

如果你在乎的結果是孩子得到良好教育，那麼比起平庸管理者的團隊，優秀管理者的團隊讓學生更有能力迎接未來。糟糕管理者的團隊則沒能讓孩子學到成功所需的技能與知識。

如果你在乎的結果是得到傑出設計，那麼優秀管理者的團隊會持續提出讓人驚豔的概念。至於普普通通的管理者，他們的團隊提出的方法依舊能完成工作，但不會有亮眼的成績。糟糕管理者的團隊則每次的提案都讓你感到：**我們一定還能做得比這更好吧**。

安德魯・葛洛夫（Andrew S. ["Andy"] Grove）是英特爾創始人與執行長，也是他那個年代的**傳奇經理人**。葛洛夫寫道，評估表現時應該看「工作單位的**產出**[1]，而不只是看忙了多少**事**。你評估推銷員的方式，顯然會是他拿到多少訂單（產出），而不是打了多少通電話（做事）。」

就算你是全世界最聰明、最受人熱愛、工作最勤奮的經理，要是你的團隊長久以來的名聲是表現普通，客觀來講你不會被視為「好」的管理者。

　　儘管如此，不論是在什麼時候，好不好這種事，其實很難精確判斷。優秀經理可能被要求帶新團隊，新團隊又需要一段時間才能起飛，經理儘管再優秀，一開始的成績或許不會太好看。反過來講，糟糕經理也可能做出幾季令人驚豔的成績，原因是接手了好團隊，或是下高壓的最後通牒，要求大家日以繼夜拼命工作。

　　不過，時間終將證明一切。主管若是壓榨部屬，或是不受底下的人尊敬，最優秀的員工通常不會年復一年待下去。另一方面，能幹的經理若是被授權改革，一般有辦法讓表現不佳的團隊改頭換面。

　　六年前，我的直屬上司變成克里斯・考克斯（Chris Cox），也就是Facebook的產品長。我還記得在最開頭的時候，我問他如何評量管理者的工作。克里斯微笑回答：「我的原則很簡單。」他在考核的時候，五成是評估我的團隊做出的成效——我們是否做出有價值、好用、精美的設計成果？另外五成是看我的團隊強不強與滿意度——我是否做到了雇用與培養人才？我的團隊是否開心工作與齊心協力？

第一條評鑑標準是看團隊目前的成果；第二條標準則問我們是否替未來的成果鋪好路。

我後來也以相同的原則評估我帶的主管。工作做得好的主管具備長遠的規劃，人人知道他們追求卓越。即便每天有無數的事要煩心，不論碰上什麼樣的狀況，永遠別忘了最終的目的是協助團隊做出好成果。

管理者
天天都在思考的三件事

好，那管理者如何能協助一群人做出好成績？

我剛開始當主管時，心思一下子就投入日常事務——準備下一場會議、替某位部屬解決難題、規劃下個月的執行計畫。

李察‧哈克曼（J. Richard Hackman）是專門研究團隊的頂尖學者，他花了40年時間試圖解答如何協助團隊拿出好成績。他研究專業人士的合作方式，地點包括醫院、交響樂團、民航機駕駛艙等等，結論是讓團隊合作看起來容易，做起來難。研究持續顯示「儘管獲得再多的資源，團隊依舊績效不彰。」[2]哈

克曼表示，「原因出在協調不良與缺乏動力通常會抵消合作的好處。」

哈克曼的研究指出五種能增加團隊成功機率的條件[3]：打造真正的團隊（有明確的界限劃分與穩定的成員名單）、令人嚮往的努力方向、方便成員做事的架構、組織環境提供支援、專家級的輔導。

我個人的觀察相當類似，管理者每天要處理大量的事務，其實可以分成三大類：目標（purpose）、人（people）、流程（process）。

目標是指團隊試圖達到的成果，也可稱為「**為什麼**」（why）。為什麼你每天醒來後選擇做**這件事**，而不是其他成千上萬你也可以做的事？為什麼要把你的時間和精力，用在和這群人一起達到這個目標？如果你的團隊達成做夢都想不到的成功，這個世界會有哪裡不同？團隊裡的每一個人都應該有相同的認知：**為什麼我們做的工作很重要**？如果缺乏這樣的目標，或是目標不清楚，就會產生衝突或不一致的期望。

舉例來說，假設你的願景是讓地表每一個街區都有檸檬水攤子，你打算先從自己的城市開始，接著拓展至全國。然而，你的員工亨利卻覺得，你的攤子應該成為街坊鄰居的熱門聚會場所，做起你覺得不重要或浪費錢的事，例如買進一批折

疊椅，或是除了檸檬水之外，還兼賣披薩。為了避免這樣的落差，你必須讓亨利與團隊裡的其他成員，一起努力做你認為真正重要的事。

然而，光是**命令**每一個人都要相信你的願景是沒有用的。如果亨利認為你的「每一個街角都有檸檬攤」的宏大計畫很蠢，他不會有動力幫你達成這個目標。亨利可能跳槽到自己真心在乎的事業，例如街尾那家可以打撞球的披薩店。

你是管理者，你工作的首要環節是**確保團隊知道成功長什麼樣子，而且想要做到那樣**。你要讓每個人明白團隊的目標，而且真心認為那個目標很重要。你們的目標可能很明確，例如：「讓每一個打電話進來的客戶感受到真誠的關懷」，也可以是宏大的目標，例如：「讓這個世界更貼近彼此」。不論是哪一種，你必須自己要了解那個目標，相信那個目標，接著一有機會就分享——不論是寫電子郵件、設定目標、確認單一部屬的進度、舉辦大規模的會議，做任何事的時候，不要忘了提及目標。

管理者思考的第二個重點是**人**，也稱為考量「who」。你的團隊成員有成功的條件嗎？他們是否具備正確技能？他們是否有動力想要做好？

如果你沒挑到合適的正確人選，或是工作環境讓人有志難

伸，你將會很頭疼，例如艾莉莎可能沒依據你的祕密配方，量出檸檬汁、糖、水應有的正確比例；亨利用粗魯的態度對待顧客；或是你自己很不擅長規劃等等，種種問題會讓檸檬水攤子的生意受影響。要管理人，就得建立起信任關係，了解成員的優缺點（也要找出你自己的），好好判斷該由誰負責做什麼（包括在必要時刻招募新人與開除員工），還得指導每一個人拿出最佳表現。

最後一項是*流程*，也就是你的團隊如何**一起**工作（how）。你可能有一個超級厲害的團隊，每個人也都完全明白最終的目標，但如果大家不清楚每個人該如何各司其職，不懂以團隊模式做事的價值究竟在哪裡，就連簡單的工作也會變得極度複雜。該在何時由誰負責做什麼？做決定的原則是什麼？

舉例來說，如果亨利的工作是到商店採買檸檬水的原料，艾莉莎的工作是調配檸檬水。亨利如何知道自己何時該跑一趟商店？艾莉莎將如何取得原料？萬一某天特別熱，檸檬一下就用完了，此時該怎麼做？事情總有出錯的時候，如果沒事先沙盤推演各種情況，做好計畫，亨利和艾莉莎將浪費時間協調誰該做什麼、究竟該如何解決問題才好。

大家通常聽到「流程」兩個字就退避三舍，例如我會想到公事公辦的冷漠感，想像自己在一堆文書作業中掙扎，日曆塞

滿無聊的會議。我想像要是沒有綁手綁腳的流程，就能該做什麼就做什麼，**迅速**完成事情，沒有繁文縟節，沒有障礙，沒有投影片。

這種想像的確有幾分事實。剛才提過，只有你一個人的時候，由你做所有的決定。你只受限於自己的動腦速度與手腳快不快。

如果是團隊合作，一群人如果要協調需要做什麼，就一定得耗時間。團隊愈大，需要的時間也就愈多。雖然大家都是人才，但讀心不是人類的核心能力。我們需要在團隊內建立起共識，包括如何做決定、如何回應問題等等。管理者必須掌握的重要流程包括以有效率的方式開會、防止犯下相同的錯誤、替明日做計畫、培養健康文化等等。

目標、人、流程，why、who、how。優秀管理者不斷自問可以如何利用這三個關鍵，改善團隊成效。團隊愈大，管理者本身有多擅長做實務工作，就愈不重要，比較重要的是他們能替團隊帶來多少乘數效應。乘數效應？什麼意思啊？

假設我親自出馬，每小時有辦法賣出20杯檸檬水。

假設亨利與艾莉莎每小時各自能賣出15杯檸檬水。

假設我們三個人全都一天工作四小時。由於我是最會叫賣檸檬水的人，把我的時間用來叫賣，感覺順理成章。我一天可

以賣出80杯，亨利與艾莉莎各自能賣出60杯。我一個人占了總銷售額的四成！

然而，我的時間除了拿來叫賣，還能做什麼？像是教亨利與艾莉莎如何賣出檸檬水（例如：**講檸檬笑話！**[*]**事先調配好原料的比例！一次倒很多杯！**）。如果訓練時間花了我30小時，等於是占去我賣掉600杯檸檬水的時間，犧牲大了。

然而，要是我的訓練能讓亨利與艾莉莎從每小時賣出15杯，變成16杯，兩個人一天一共多八杯。雖然只是很小的改善，但不出三個月，就能彌補我少賣的600杯。如果他們在攤子工作滿一年，我挪去做訓練的30小時親自叫賣時間，就能多帶來整整二千多杯的業績！

訓練不是我唯一能做的事。如果我把30小時拿去招募鄰居托比呢？托比很會講話，超會賣東西（此外，托比超會講檸檬笑話。我很想在這裡分享，但他要我不要洩露「商業機密」）。假如我的「每個街角都有檸檬水攤」願景打動托比，他願意加入團隊，以打敗我們所有人的速度，一小時賣出30杯檸檬水，一年內，我們的攤子將多賣出二萬一千杯檸檬水！

---

* "Why did the lemon stop rolling down the road?"（為什麼檸檬在路上滾到一半就停了？）"It ran out of juice."（字面意思是「沒汁了」，引申義是「沒油、沒電了」。）

我要是把所有的時間都拿去親自賣檸檬水，我只能以「加法」的方式多增加業績，沒辦法讓業績多乘幾倍。這樣一來，我便是不理想的管理者，因為我依舊是在一個人拚死拚活。

我決定訓練亨利與艾莉莎時，我的努力讓檸檬水的產出微幅上升，也因此的確帶來少量的乘數效應。方向對了，但收效甚微，雇用托比則帶來遠遠更大的乘數效應。

當然，以上的例子十分簡化。真實人生很難量化做A不做B將多出的好處。後面的章節會再談幫時間排出優先利用順序的最佳方法，不過不論怎麼選，成功的原則是一樣的。

管理者不該事必躬親，即便你做得比所有人好也一樣，因為你親自能做多增加的成效有極限。你的任務應該是加強團隊的目標、人、流程，盡最大的努力，替整體結果帶來最大的乘數效應。

求生模式下的管理

投資目標、人、流程需要時間與精力。以檸檬水攤的例子來講，我不得不在今日放棄多賣出幾杯檸檬水，因為我相信把力氣花在訓練或招人，將在未來讓團隊賣出更多檸檬水。然而，那

麼做永遠是正確的抉擇嗎？不一定。一切要看情境而定。

萬一我是借錢才有辦法擺檸檬水攤子，必須在兩星期內還錢，要不然利息會暴增成十倍呢？如果是那樣，此時對我來說，盡量賣出檸檬水遠遠更為重要，否則我的負債將一發不可收拾。如果我的檸檬水攤子眼看就要做不下去了，規劃幾個月或幾年後的事也沒什麼意義。

傳統的管理建議大多從長遠的角度出發。今日投資一小點，未來就能有龐大的報酬。然而，這種建議只適用於你的組織並未處於危機時刻。萬一情勢緊張，前景不明，此時需要先度過難關再說。

1943年時，心理學家馬斯洛（Abraham Maslow）解釋人類動機，[4]提出今日著名的「需求層次理論」。此一理論的基本概念是某些需求勝過其他需求，你得先滿足低階需求，才有辦法專注於高階需求。

舉例來說，如果你這一刻連呼吸都沒辦法，那麼肚子餓、寂寞、失業等問題就不重要。此時你臉色發紫，活下去要靠專注於讓肺部充滿氧氣。然而，一旦能正常呼吸後，不代表人生就此完美，只是現在可以處理下一個最關鍵的存活難題：讓肚子裡有食物。

一旦有辦法呼吸，胃不是空的，人在安全的環境，就能專

注於需求層次的接下來幾階，例如身處支持你的社群、在生活中做出有意義的貢獻等等——也就是馬斯洛所說的「自我實現」（self-actualization）。

　　既然你在讀這本書，想知道如何成為更好的管理者，大概可以假設你的組織並未岌岌可危。但如果是的話，快點放下這本書，想想如何協助團隊扭轉乾坤。你有沒有辦法振奮士氣，一鼓作氣？你能否像馬蓋先一樣急中生智，險中求生存？你能否捲起袖子，做陌生拜訪，親自賣起檸檬水？

　　處於求生模式時，要不惜一切求生。

　　團隊脫離求生模式，上升到較高的需求層次後，可以規劃未來，思考今日怎麼做將帶來幾個月和幾年後更好的結果。

如何知道
自己會不會是優秀管理者？

　　你現在知道管理是一門藝術，目標是讓一群人合作，做出更好的成績，那麼怎麼知道自己適不適合管理這條路？

　　還記得嗎？前文提過，優秀經理是後天培養出來的，不是

天生奇才，但這種說法有一條前提：你得**享受**日常的管理工作，**你得想要管理**。

我的團隊裡曾經有一位能力超群的設計師，創意十足，思考縝密，恰巧還是某個重要產品領域裡經驗最豐富的人。團隊成員做重大決定時，自然會想徵求她的建議。我心想：**她應該當經理！**也因此我們的團隊規模變大後，我問她要不要接管理職，她說好。我覺得自己幹得好，讓有能力的人發揮更大的影響力。

然而大約一年後，她提出辭呈。

我永遠忘不了她在辭職的前夕告訴我的話，她說自己每天早上醒來後躺在床上，想到要來上班管理眾人就怕。她說的這些話，我相信是真的，因為她的好奇心和創意火花不見了，取而代之的是疲憊的無神雙眼。她帶領的團隊有尚待解決的議題，但她累到提不起勁。她每天擔負的責任，不是她有熱情的事。在她的內心深處，她是一個「自造者」（creator），也就是說她希望長時間不受打擾，深入探討問題，接著用雙手做出有形的事物。

我學到一課。從那時起，每當有人表示自己對管理有興趣，我會努力了解他們認為管理的吸引力在哪裡，管理每天實際上要做的事是否符合他們的興趣。

你想當主管的原因，有可能是碰上很好的上司，希望有朝一日能和他們一樣，或是你熱愛指導他人；也可能是你想要升官、加薪，或是多一點決定權。這一類的動機有的和管理一拍即合，有的則不然。

　　如果你好奇自己會不會是好主管，問一問以下三個問題：

我是否比較喜歡達成特定結果或扮演特定角色？

　　一位管理者優不優秀，看的是團隊的表現，也因此你的工作是盡你所能協助團隊成功。如果你的團隊欠缺關鍵技能，你需要花時間訓練或找人才。如果有成員造成別人的麻煩，你需要讓那個人停止那種行為。如果大家不曉得該做什麼，你需要擬定計畫。這一類的責任很多平凡無奇，但很重要，不做不行。如果沒人會去做，你就得做。

　　此外，隨機應變也是優秀管理者的關鍵特質。不論是目標轉向、成員來來去去、流程變得不同等等，一旦團隊出現變化，你每天做的事也會跟著變。如果你致力於完成目標，你大概會享受工作出現的變化（或至少不介意）。然而，如果你太熱愛某項特定的職責，捨不得放棄，例如你喜歡治療病人、教

學、寫程式、設計產品，那麼你的個人目標與團隊最需要的東西，大概會起衝突。

這個問題比所有問題都重要。如果你的答案是毫不猶豫的YES，幾乎可以彌補其他犧牲。這也是為什麼眾家企業的掌舵者形形色色，各有不同的長處與性格，但他們有一個共通點，他們的第一要務是讓團隊成功，願意視情況扮演不同角色，成為組織需要的領導人物。

我喜歡跟人講話嗎？

「管理」與「團隊」密不可分，也因此管理者避不掉的一件事，就是花大量時間與人相處。你的職責有很大一部分，是確保你負責帶的人表現良好，也就是說你的核心工作將是聽大家說話，與他們對談。

如果我告訴你，你一天將有七成的時間花在開會，你的立即反應是什麼？七成這個數字可能有點誇張，但如果你的第一個念頭是「**沒問題！**」，你大概是那種與人互動後會獲得活力的人。

然而，如果你的第一個念頭是「**媽啊，聽起來真恐怖！**」，你大概會覺得日常的管理工作充滿挑戰。你不一定得是外

向的人 —— 我自己就不是。從導演史蒂芬·史匹柏（Steven Spielberg）到第一夫人愛蓮娜·羅斯福（Eleanor Roosevelt），其他許多管理者也不具備外向人格，[5]但如果你理想的工作是一天之中，有一段很長的不受干擾的時間，安安靜靜做自己的事，那麼管理職大概不適合你。

我能否在充滿情緒挑戰的情境下，依舊穩若泰山？

　　管理百分之百和人有關，每個人會把各自不同的經歷、動機、希望、恐懼、習性，帶到工作上，管理者會因此碰上不好開口的時刻。你可能得告訴某個人，她沒做到她職位上應有的表現。更糟的情形則是你得正視對方的雙眼，告知她被開除了。你可能碰上人們情緒崩潰，說出他們的人生面對種種難題，工作表現因此受影響，例如：家庭問題、個人悲劇、健康問題、心理疾病等等。

　　沒人**喜歡**這種尷尬的時刻，但有的人比別人更能保持鎮定，在人生的起起伏伏中關心與支持他人。如果你是患難中別人倚靠的朋友，人們覺得你具備同理心與冷靜，你能緩和局面，而不是雪上加霜，你將更能面對管理者一定會碰上的各種

情緒激烈的情境。

● ● ● ●

「你為什麼想當管理者？」接下來是其他幾個常見的答案。視情況而定，如果你想達成以下的目標，接下管理職不一定是最好的辦法：

我希望職業生涯更上一層樓

「擔任管理職」通常被視為「升官了」，帶來種種對於未來的美好想像，例如：有機會帶來更多影響、接受新挑戰、薪水變高、工作受到肯定。

在許多組織，除非你開始管人，要不然你在職業生涯中的成長有上限。所有的「XX長」都帶領著團隊。如果你希望有一天當上執行長或副總裁，你需要走上管理職這條路。某些領域的工作在具備了一定的技能後，唯一的成長道路是學習管理與協調愈來愈多人的工作，例如客服或零售。

儘管如此，今日有許多組織，尤其是努力吸引高技術或創意人才的企業，提供不需要管理他人的晉升機會。例如你是心

臟外科醫師，多年的執業經驗使你成為業界最受推崇的專家，專門負責最困難的病例，你是創新技術的先驅，那麼你不必成為醫院的總經理才能賺更多錢或發揮更多影響力——專業的外科醫師與醫院管理者同樣備受重視。

同樣的，在今日的許多科技公司，一旦你有一定的年資，工程或設計等職位提供兩種並行的職業發展道路——擔任管理職或身為「獨立貢獻者」（individual contributor, IC），職涯同樣都能有所成長。在影響力、成長與報酬方面，兩條道路提供了一路到達「XX長」級別的相同機會。也就是說，成為管理者不是**晉升**，而是一種職務的**轉換**。事實上，「十倍工程師」（產出是一般工程師十倍）在矽谷炙手可熱。這種人才的薪資，有可能等同管理數十人至數百人的主管與副總裁。

如果你的組織支持獨立貢獻者的晉升途徑，那就把這個選項納入考量，找出哪一條路最符合你的長處與興趣。

我想獲得主導權

許多人夢想著有一天醒來後，可以全權操控自己的命運。不再被呼來喚去，不必因為別人突發奇想，就得使命必達，不會有人說「不行」或「你錯了」。他們看著老闆把船駛向自己

決定的方向，幻想握有那樣的自由度與影響力一定很美好。

然而，真相是管理者的確可以做不少決定，但那些決定必須符合團隊利益，不然人們就會不再信任他們，他們下達的命令則不再有效。自由度愈大，責任也愈大——管理者做出的決定如果沒有好結果，人們會把矛頭指向他們。老闆會眼睜睜看見事業沉船，上市公司的執行長會被董事會開除。

我剛開始當主管的時候，曾經因為某個產品的提案，有過這方面的第一手經歷。有一天，我在下班開車回家的途中，突然想到一個絕妙的點子。那個點子在我心中完整具體成型，包括案子該怎麼提、設計應該怎麼做、大眾會愛死這個點子的原因。我興奮極了，到家後在紙上把想法描繪出來，接著向其他設計師解釋這個點子，吩咐他們把我的草稿發展成完整的提案。

事情不對勁的第一個徵兆是幾天後我詢問進展，得知進度緩慢，大家以不同的方式解釋我的草稿。這個提案的核心功能到底應該是什麼，所有人討論來，討論去，耗費無數小時沒結論。我還以為是我沒把概念解釋清楚，於是再度釐清我想要的東西，結果又一個星期飛逝而過，大家交上來的東西依舊馬馬虎虎。

此時我才了解最根本的問題：沒有任何設計師被我的點子說服，他們不認為會成功，也因此拖拖拉拉沒進度，沒放心思

在上頭，隨便做做。我因此學到管理的第一課——最理想的工作成效，是來自一群有幹勁行動的人。**指揮別人做事**沒用。

我被詢問要不要擔任管理職

或許你的公司正在大量徵人，或許你的主管現在一次負責15個人，極度需要有人一起分擔管理工作。另一種可能是你才華洋溢，備受重視，也因此感覺擔任管理職是順理成章的下一步。當然，如果你對管理感到興奮，這是一個大好的機會。然而，你要小心道義責任的陷阱。「我應該」和「我做得到」不是接下管理職的充分理由。問問自己，你真心想接嗎？

我自己就是因為被徵詢，所以接下管理職，但我能做下去是因為我真心*享受管理*，而這也是為什麼當初我會問我的王牌設計師要不要接管理職。然而她會答應，是因為她具備團隊精神，不想讓團隊失望，但管理職其實不適合她，她最終求去，我們所有人都因此付出代價。

如果你不確定管理職這條路適不適合你，可以先試試看自己喜不喜歡這些事，例如指導團隊裡的其他人、收實習生，或是和最近剛轉任管理職的人聊一聊，請他們提供經驗。如果你試過水溫後，覺得不想走管理這條路，那也沒關係。和你的主

管誠實地談一談你的目標吧，試著請他們協助你探索其他的職
涯道路。

領導與管理的區別

我剛剛起步時，以為「管理者」與「領導者」是同義詞。
管理者要領導，領導者要管理，對吧？

錯了。如同**小學老師**和**心臟外科醫師**扮演特定的角色，
管理者其實也扮演著特定的角色。我們在前幾頁提過，管理者
要做的事、他們被視為成不成功，其實有著明確的原則。

領導則是一種特定的技能，指的是有辦法引導與影響他人。

賽門‧西奈克（Simon Sinek）在《最後吃，才是真領導》
（*Leaders Eat Last*）寫道：「優秀的領導者會避開鎂光燈[6]，把
時間與精力用在需要做的事，保護自己帶領的人。」大家也回
報領導者，「流血、流汗、流淚，盡一切的努力讓領導者的願
景成真」。

一個不懂得影響他人的管理者，無法以特別有效的方式改
善團隊並拿出成果，因此當個優秀管理者的前提，將是當個領
導者。

另一方面，領導者不必是管理者。不論職位是什麼，任何人都能發揮領導能力，例如購物中心響起刺耳的龍捲風警報時，店員冷靜地引導購物者抵達安全的場所。例如熱情的市民挨家挨戶說服鄰居加入他們，一起抗議近日的決策。一代又一代的父母，向孩子示範如何當個有責任感的大人，這也是一種領導力。

　　想一想自己的組織後，你大概能想出許多發揮領導能力的例子：獨立貢獻者點出重要的顧客怨言，接著和數個團隊協調出解決方案；團隊成員召集一群人執行一個新點子；老員工成為大家仰賴的智者等等。如果你能指出問題，號召大家和你一起解決，你就是在領導。

　　領導是一種特質，而不是一種工作。我們在人生的不同時期，全都當過領導者和追隨者。本書的許多面向除了適合管理者，也適合希望成為領導者的人士。此外，優秀的管理者除了該培養自己的領導能力，也得培養團隊內部的領導力。

　　這一點是一項重要的區別，因為管理者的職位能被授與給某人（或是取消），領導地位則無法靠指派，得自己贏來。你必須讓人們**想要**追隨你。

　　你可以管理某個人，但如果那個人不相信你或不尊重你，你能影響他的程度有限。我並未在新頭銜被正式公布的那天，

就突然間成為「領導者」。我底下的人，有些最初抱持懷疑的態度，因此我們花了一段時間才培養出同心協力的關係。

　　剛當上管理者的時候，最重要的是優雅地過渡到新角色，把握小型團隊的基本原則。一直到你管理的人信任你，你才有辦法協助他們一起做出更好的成績。

新官上任三個月

避免這麼做

盡量這麼做

每當有新主管加入我的團隊，我頭幾個月最愛問的問題是：「哪些事的挑戰性超乎你的預期？哪些事又比想像中簡單？」

第一個問題讓某位新經理大笑，指著公司牆上的海報標語回答：「度日如週。」這種答案是我最常聽到的，大家不約而同有著類似的感想——**有好多事得學，感覺快被壓垮。**

至於比想像中簡單的事，答案五花八門。某位從獨立貢獻者轉管理職的新經理告訴我，他慶幸已經認識團隊裡的每一個人，也曉得大家正在忙什麼。某位從別間公司跳槽過來的經理則提到，同仁都很幫忙，願意回答她的「新手問題」。

不論你是從哪一種途徑接下管理職，恭喜你！你會在今日這個位子，顯然是因為某個人（更可能的情況是不少人）相信你，也相信你有領導團隊的潛能。那就是為什麼你手裡拿著這本書。

接下管理職的途徑主要有四種：

◎ **學徒：**你的主管帶領的團隊正在成長，他請你接下來一起分擔管理工作。

◎ **開拓者：**你是新團體的創始成員，負責讓團隊成長。

◎ **新來的主管：**你作為新任管理者，進入已經運轉一段時間的團隊，地點可能是原本的公司，也可能是新公司。

◎ **繼任者：**你的上司決定離開，你接下他的位子。

在上任的前三個月，由於每個人接手管理職的途徑不一樣，有的事很容易，有的事則很棘手。接下來你可以按照自己是如何展開冒險旅程，多了解一點接下來可能碰上的事：

學徒

團隊人數擴充時，有可能需要新的管理者。我當初就是這樣接手管理職。我們的團隊變成兩倍大的時候，帶領團隊的瑞貝卡發現我們需要更多支援。

你占優勢的地方

「學徒」通常是轉換至管理角色最簡單的方法。相較於其他幾種途徑，由於你的主管已經負責團隊一陣子，了解每一個人的情況，一般比較能得到主管的引導。

新手上路時，瑞貝卡給我一張名單，告訴我：「我認為這些人應該在妳的團隊。」現在回想起來，瑞貝卡非常努力幫我完成角色過渡，先分配給我幾位她認為我有辦法成功管理的同仁，接著又協助我站穩腳步（包括在最初的一對一面談中質疑

我的那位同事，我們也建立起良好的關係）。

我上任的前幾個月，有什麼問題都跑去找瑞貝卡。如果不確定如何回應某位同仁提出的要求，或是發生措手不及的情況，瑞貝卡會隨時指導我。如果你是以學徒的方式轉成管理職，那就和上司一起計畫如何上手。你們可以討論的問題包括：

◎ 我該從哪裡著手？您期望接下來會出現什麼樣的轉變？

◎ 要如何和大家溝通我的職務變化？

◎ 我將管理的人，有哪些事是我該知道的？

◎ 有哪些我該協助推動的重要團隊目標或流程？

◎ 在前三個月與六個月，我做到怎樣算成功了？

◎ 我們兩個人如何協調誰該負責什麼？

你曉得什麼行得通、什麼行不通。 由於你先前站在第一線，已經曉得團隊是如何運作，包括會怎麼開、怎麼做決定、團隊成員的個性等等，你接下新職務時已經相當了解狀況。

新手上路時，你可以坐下來做一件很實用的事。首先，列出目前的狀態理想的地方。大家彼此是否處得來？你們的流程具有效率嗎？團隊是否井井有條，擁有端出高品質成果的口碑？

接下來，列出團隊可以更好的地方。你的團隊是否沒完沒了地做一件事？優先事項是否永遠在變動？每週是否要開很長、沒人想參加的會議？

有了這兩份清單，就能開始計畫哪些事要改、哪些不用動。你不一定需要解決有問題的地方，但也沒必要受困於時光機裡：**我們這裡一向都是這樣做事的**。畢竟就是需要新氣象，你才得到這份工作！花時間思考最重要的改善機會，就會更知道如何替團隊帶來乘數效應。

你已經知道事情是怎麼一回事，一下子就能上手。你和挖角來的主管不同，已經很了解要帶的團隊——除了曉得團隊是如何運作，也清楚團隊的目標與正在進行的專案，花在聆聽與學習的時間得以縮短，因此立刻就能幫上忙。

注意事項

和原本平起平坐的同事建立新關係，有可能令人尷尬。原本你只是團隊裡另一位獨立貢獻者，現在變成主管，也就是說你可能會覺得團隊成員的關係產生了變化。我剛上任時，以下幾件事讓我感覺充滿挑戰，尤其當對方是我原本視為朋友的同事：

扮演教練的角色：你原本和同儕平起平坐，然而如今你的工作包括了解他們的職涯目標、哪些類型的專案與他們的長處與興趣一拍即合、他們需要哪些協助、他們的表現是否合乎期待。剛開始會感到彆扭或尷尬，因為你得詢問朋友或原本位階平等的同仁：「你接下來一年的工作目標是什麼？」或「你認為自己的長處是什麼？」如果你們以前不曾談過這一類的事，做起來更是不容易。

然而，就算感到不自在，也不能逃避相關對話。你得想辦法了解新部屬關心哪些事，告知他們哪裡做得好，哪些地方則可以再加強（後面的章節會再提到）。把自己想像成教練，你是去協助同仁的，你的職責是輔助他們達成目標。

開口講不好啟齒的話：我尚未擔任管理職的時候，如果必須批評同事的工作表現，都採取建議的形式，因為我知道最終將由人們自己做出決定——「嘿，這只是我個人的想法，不過你有沒有考慮過……」然而，我成為他們的上司後，儘管不改變心態不行，這個習慣依舊很難改。

主管與部屬之間的關係，不同於同儕關係。如今你得替團隊的成績負責，包括他們在團隊內做出的所有決定。每當有什麼情形讓大家無法好好做事，你得以直接了當的方式快速處理，有時得給出負面的回饋、做出不好做的決定。你愈快內化

「團隊的成敗如今由你負責」的心態，就愈有辦法放下心理障礙，在必要時開口。

人們開始以不同方式對你，或是不再分享那麼多資訊：我擔任管理職後嚇了一跳，原本什麼事都會跟我說的同事，似乎一下子變得守口如瓶，不一定肯說出自己碰上的問題。他們如果和其他的團隊成員發生衝突，或是意見不同時，也不再告訴我。他們大鳴大放某件事的時候，如果我走過去，大家會突然停下，不好意思地看著我。我愈來愈難知道第一線究竟發生了什麼事。

不過，過了一段時間後，我發現這種現象很正常。同仁會害怕麻煩我，或是擔心在上司面前留下不好的印象，我有義務主動讓人們信任我（這將是下一章的主題）。

平衡個人工作與管理工作不容易。如果是以「學徒」途徑起步，很少會一開始就帶領大型團隊，最初大概只會帶幾個人，接著慢慢迎接更多新同仁。也就是說，多數的新手學徒管理者，同時還得做獨立貢獻者的工作。這下子你除了得協助大家，依舊還得賣檸檬水。

我原本認為這樣很好，擔心如果不再執行設計工作，技能就會慢慢生鏽，更難當一位有效協助同仁的領導者。這種想法讓我因此犯下的錯誤，以及幾乎是我見到的每一位學徒經理都

做錯的事，就是自己的工作分量已經多到吃不消的程度，依舊還在做該讓獨立貢獻者負責的事。

當我的團隊人數成長至六人左右時，我依舊是首席設計師，帶領某個每星期耗去無數小時的複雜專案。由於我的管理責任變多，每次冒出突發狀況，我就沒有足夠的時間完成設計工作，例如：我帶的某個人需要花額外的一對一時間輔導、團隊那星期要替好幾場工作檢討做準備等等。我的工作品質因此受影響，同仁感到不滿，我試圖事事兼顧，結果事事砸鍋。

我最後明白，我得放棄**又當**設計經理，**又當**設計師，試圖兼顧，結果就是兩件事都做不好。可別和我一樣，吃到苦頭才明白這個道理——團隊人數達四、五人的時候，就該減少自己獨立貢獻者的責任，才有辦法為團隊當最理想的管理者。

開拓者

你是第一個接受挑戰的人，帶領著日益擴張的團隊。成長是好現象，你該感到自豪！你可能是新公司的創辦人，從車庫起家的三人公司變成有十名全職員工，或是你是全公司第一位會計師，著手打造完整的財務部門。讓團隊成長時，別忘了以

下幾件事：

你占優勢的地方

你已經搶先走過這段路，你知道這份工作需要什麼。你是元老，沒人比你更懂這份工作，這份工作就是你設計出來的。現在是時候進入下一個階段。

成功的關鍵在於你得挖出腦中的準則與專業知識，傳授給其他人。一開始一定要先花時間，和新團隊協調大家應有的目標、價值觀與流程。問自己以下幾個問題，事先做好準備：

◎ 我如何下決定？
◎ 我認為怎麼樣叫工作做得好？
◎ 只有我一個人的時候，我一肩扛下了哪些責任？
◎ 這個職位有哪些簡單或困難的地方？
◎ 團隊如今正在成長，需要哪些新的流程？

你得以打造出自己要的團隊。當開拓者的好處，就是可以挑你想共事的人，由你決定如何和他們一起工作。你沒有現成的團隊可以繼承，必須打造出全新的團隊，想一想要招聘什

麼樣的人、培養什麼樣的文化，問問自己：

◎ 我希望團隊成員具備哪些特質？

◎ 團隊必須具備哪些技能，才能與我相輔相成？

◎ 這個團隊在一年內該有什麼樣的面貌？應該如何運轉？

◎ 我的角色與責任將如何演變？

注意事項

你背後可能沒有多少支援。開拓者的生活由冒險與孤獨交織而成。你想，如果公司的第一位設計師被要求拓展使用者體驗，她碰上如何雇人與讓新設計師上手的問題時，她能向誰求助？全公司目前就她一個設計師！你身為開拓者時，你將不斷孤身處於不熟悉的新地帶，不過那不代表你不能尋求協助。

雖然在整間公司裡，你可能是你部門唯一的主管，但你可以向其他兩群人求救：一、公司裡負責相關職能的其他主管；二、公司外和你同行的主管。

Facebook的工程團隊永遠是設計團隊的好幾倍大。每當我碰上新挑戰，例如每週的團隊會議開始失去效率，我會請教工程部門的經理朋友，詢問他們是否碰過類似的問題。十次有八

次他們會回答：「當然有，三年前我們的團隊人數和你們一樣多的時候，我們碰過這個問題，當時我們的心得是……」

出了公司後，找到在其他公司擔任類似職務的領袖團體，也能帶來寶貴的支持網絡。我有一個朋友自己創業，他認為和其他的公司創辦人吃非正式的晚餐，可以帶來重要的「非正式的執行長訓練」。我則經常和Google、Airbnb、Amazon等其他公司的設計主管喝咖啡，討論設計產業常見的挑戰或我們見到的大潮流。我們雖然避談工作細節，但有機會和同行談自己的工作，往往能教會我很多東西。

如果很難平衡自己的「獨立貢獻者工作」和「管理工作」，可以參考第56頁的「學徒」一節。

新來的主管

現成的團隊歡迎你成為他們的新領袖，這可是不小的成就！如果你是以這樣的方式成為主管，你過去也許曾經擁有管理經驗，因為需要監督有規模的團隊時，組織很少聘請缺乏實戰經驗的經理。不過，儘管工作內容不是全新的，依舊有一些要注意的「眉角」。

你占優勢的地方

一開始會有蜜月期。新來的人最大的好處，就是你會有大約為期三個月的喘息時間，每個人都知道你是剛搬來附近的新孩子。從每個人的職務內容，一直到目前的策略，大家不會期待你一開始就什麼都知道，你犯的錯將被輕輕放下，同仁也通常很願意協助你快點進入情況。好好利用這張新手牌，盡量向所有人請教一切問題。你會有一股衝動，想要保持安靜低調，直到「弄清楚狀況」，但如果你的目標是快點上手，你需要主動讓自己不再那麼「菜」。

如果你預計會需要和某個人密切合作，那就找出對方，看他願不願意和你一對一對談，雙方認識一下，找出對方在乎的點。如果不確定自己將和誰一起分工合作，那就請上司列出你可以和誰聊一聊。

該問的就要問，不要怕，就算你確定自己是唯一不知道答案的人（**我知道這是新人才會問的問題，但請問「IC」是什麼的縮寫？**[*]），有時你問了，其實會幫到其他人。有一次，大家熱烈討論某個上市計畫，團隊新來的經理突然問：「不好

---

[*] IC：individual contributor（獨立貢獻者）。

意思，我是新來的，請原諒我問笨問題，但能不能請誰解釋一下，我們希望這次上市可以達成什麼目標？」

這個問題一問出口，原本熱烈的討論停了下來，大家後退一步思考。我們忙著搞定上市的細節，但確實應該先認清大目標才對。在那次討論的尾聲，一名資深團隊成員讚美新經理：「**我**甚至沒能把我們在乎的點串在一起，你的問題真是問得太好了。」

你可以重新來過。你在上一份工作，是否被大家認為缺乏決斷力或堅持己見？現在是你重新出發的時刻，你有機會建立新關係，重新塑造眾人對你的印象。

這種事是雙向的。你管理的人，也會感激有機會重新建立理想中的主管與部屬關係。你在認識每一個人的時候，記得保持開放的心胸與好奇心。

我一個朋友剛當上主管時，某個同事告訴她，她即將帶領的某個部屬是「表現劣於平均的員工」。我朋友感謝那位同事提醒這件事，但決定要自己下結論。接下來六個月，她和被點名的當事人建立起良好的關係，那個人在她的指導下表現良好，一年內就被提拔為小組長。

善用重新開始的機會，不論你聽見什麼風聲，記得先假設每個人都是好員工。好運的話，別人也不會對你未審先判。此

外，記得要開誠布公，說出你希望建立的關係，以及你想當什麼樣的管理者——尤其要和你帶領的人溝通清楚。趁你們陷入模式與養成慣例前，先好好討論相關主題。頭幾次進行一對一面談時，詢問以下幾個問題，了解你接手的部屬心中的「夢幻主管」：

◎ 你和先前的主管討論過的哪些事，對你最有幫助？
◎ 你希望得到什麼樣的支持？
◎ 你希望如果工作做得好，可以獲得什麼樣的獎勵？
◎ 什麼類型的回饋意見對你來說最實用？
◎ 想像一下你我建立起良好的關係後，那將是什麼樣的互動方式？

注意事項

適應新環境的常態性做法需要花一點時間。不論你是投靠新公司，或是在原本的公司改任管理職，也不論你本人有多能幹，了解新團隊的運作方式需要時間。新手主管會犯的最大錯誤，就是以為自己得立刻跳出來表達意見，表現出精明幹練的樣子。

事實上，新官上任三把火通常會有副作用。這種事最煩人了，新來的人浪費所有人的時間，想證明自己很懂，不清楚狀況就高談闊論。

走馬上任的頭幾個月，主要工作將是聆聽、提問與學習。我的團隊新主管告訴我，他們最想知道如何把心中的期望，調整至「正常狀況」。有效的做法是和自己的上司一起研究特定狀況。你可以問的問題包括：

◎ 「表現優秀」和「表現平平」、「表現糟糕」之間的差別是什麼？可以舉一些例子嗎？

◎ 能否分享您怎麼看X專案或Y會議？您為何那樣認為？

◎ 我某天留意到發生了Z事件……那是正常的嗎？還是我該關切？

◎ 您晚上會為了什麼事擔心到睡不著？為什麼？

◎ 如何判斷哪些事該優先？

你需要努力建立新關係。你是新團隊的新主管，也因此你得從頭建立信任感。除了有一堆名字和臉孔要記，你可能會因為是外來者感到孤單。你的團隊成員全都彼此認識，你的自在程度尚不如他們。如果你感到大家並未完全敞開心胸接納

你，打破隔閡將特別具備挑戰性。

我一個朋友的做法是開門見山告訴大家：「我是新來的，你們可能感到不自在，無法立刻與我分享每一件事。我希望能逐漸贏得大家的信任。我就從分享自己的事做起，包括我有史以來最大的失敗經驗……」我很喜歡這則小故事，因為這符合「身體力行，不只是說說而已」。讓大家相信什麼都可以講的最佳方法，不就是自己先把弱點露給別人看？

建立信任感不是一朝一夕的事。下一章將深入討論信任的必備元素。

你不了解這份工作，也不了解需要投入的心力。你答應接下這份工作時，不可能百分之百預測到新團隊、新工作、新環境的性質。現在你上任了，這份工作與隨之而來的挑戰，有可能不是你當初預期的那樣。

這種時候的最佳政策，就是誠實告訴自己的上司哪些事很順、哪些不順，找出他們的期待，協助自己上手。有一次，團隊裡的一名新主管告訴我，和同仁打成一片比他想像中困難，他因此無法影響團隊的決策。

由於這位新主管趁早提起，我們有辦法幫他想出計畫，與工作夥伴展開誠實的對話。同仁聽見他擔心的事之後，立刻特別請他多參加討論，也提供寶貴的建議，教他如何以更有效的

方式溝通。一星期內，情況就有所改善，之後他上手的速度便快上許多。

繼任者

繼任者和學徒很像，不過有一點不同：由於你的上司離開了，你得靠自己支撐整個團隊，不只是接手一部分任務而已。即使多數的繼任者先前都有過管理經驗，但一下子責任大增，容易感到自己是小孩玩大車。

繼任者的優勢和學徒很像（如同前文所述，你已經知道哪些事行得通、哪些行不通，有辦法快速上手，因為你清楚團隊的生態），不過差異也很大。

注意事項

和先前地位平行的同事建立新互動，有可能令人感到尷尬。請見第56頁的「學徒」一節。

職責大增，感到窮於應付。繼任者通常會碰上一段自覺能力不足的時期，畢竟你現在得做前老闆的工作。你雖然大致

了解狀況，多數的繼任者會嚇一跳，沒想到將接手那麼多事。某位同事成為繼任者後訝異地告訴我：「我先前不知道前主管替我們擋下多少來自其他團隊的要求。」「每天這個人跑來找我，那個人也跑來找我，我現在才知道前主管在背後默默做了多少事。」

不必太苛責自己，你可以請新上司與身邊的其他人幫忙（〈Chapter 5：管理自己〉會再進一步談這點）。此外，你可以坦白告訴同仁，你需要一段時間才能上手，請大家多加擔待。朋友告訴我，他上任的頭幾週最常說的話就是：「我們的前主管留下了龐大的責任，我會盡我所能，但新手上路，顛簸難免，希望各位能協助我，在這段期間多多幫忙。」像這樣把話講明了，其他人就能懂你遭遇的狀況，協助你適應新的重責大任。

你感到有壓力，覺得自己做事的方式，有必要和前主管一模一樣。由於團隊對於前朝記憶猶新，你很容易掉進陷阱，覺得自己必須努力維持現況。你可能覺得雖然你和前主管是不一樣的人，但每個人都期待你每一件事要做得跟前主管一樣好。

有改變，才可能出現改善，你要允許自己有新氣象。別忘了那句有名的英文格言：「就做你自己吧，其他的角色都有人

了。」不用試圖模仿別人立下的典範，好好當**你**想當的那種領袖，運用自身優勢將使你更為成功。

我的團隊經理羅比・莫里斯（Robyn Morris）多年備受愛戴，後來為了追求不同的興趣離開，我和接手他職務的人聊我們有多想他，他離開讓我們很難過。

新經理告訴我：「沒人能完全取代羅比，那沒關係。我們只需要有更多人站出來，填補他留下的空缺。」的確，一年後新團隊變得欣欣向榮。新經理及其他人拿出了領袖級的表現，令人驚豔。

· · · ·

剛接下管理職的前三個月，將是一段驚濤駭浪的過渡期。三個月後，日常事務開始令你感到熟悉——你逐漸適應新的例行公事，打造新關係，知道如何以最好的方式支持團隊。

然而，不一定時間長了，就能感到上手。那種轉學生的感受，有可能持續好幾個月或好幾年。新手主管經常問我：「要過多久，才會知道自己在做什麼？」我誠實告知：「我自己大約花了三年。」

在接下來的章節，我們將完整探討管理職的主要面向，包

括輔導部屬、雇用新員工、安排會議、轉化心中的焦慮為力量等等。後文提到的故事、原則與練習，提供從做中學的**實務經驗**例子，目標是帶你走過最初的90天，助你成為理想中的管理者。

Chapter ③

帶領小型團隊

避免這麼做

盡量這麼做

我的團隊成長到大約有八人的時候，我們每週開始進行「互評會議」（critique）。

　　雖然互評會議整整長達90分鐘，卻是我每星期最喜歡的時刻。團隊圍坐在會議桌邊，桌上擺著一台大電視。我們會挑一個順序，看是順時鐘或逆時鐘，接著由某個人自願優先，弄好筆電各種線的插插拔拔後，最新的工作成果將躍上眾人眼前的螢幕。

　　負責報告的設計師描述自己試圖解決的問題，她是如何得出目前的解決方案，我們的眼中充滿未來藍圖的各種可能性，想像自己是一般用戶，有一天早上醒來，眼前出現這個新體驗。我們第一眼會注意到什麼？哪些地方一看就懂，哪些則令人感到困惑？怎麼樣做會更好？

　　簡報的人簡單介紹後，大家開始提意見，隨時拋出問題、疑慮與建議。有的屬於策略面：「這裡解決的問題真的重要嗎？」有的屬於戰術面：「這些項目應該以方格或清單方式呈現？」

　　團隊展開討論與辯論，提供可以探索的新點子，努力讓使用者體驗更美好。大家舉出類似的例子當成借鏡，連結專案中不同設計師負責的環節。理想狀態下，大家提出的批評將誠實、富有創意、深具合作精神。報告的人最後能清楚列出接下

來的步驟清單。一個人好了之後，換下一位設計師報告，接著再換下一位，直到每個人都有機會簡報，聽見大家的想法。

在我心中，互評會議永遠像是一種縮影，代表著為什麼我熱愛管理小型團隊。羅馬不是一天造成的，你不會才剛開始擔任管理職，就在人山人海的聽眾面前提出十年願景。多數人起初只管理幾個人，培養互信的環境，深入掌握工作細節。每個人彼此認識，兩張披薩就能餵飽全組的人。

管理小團隊的訣竅，其實不出幾條基本原則：培養出健康的上下關係、營造出支持的環境。本章將詳細討論相關的管理技巧。

一切最後會
回歸到「人」身上

還記得我們的管理定義嗎？管理者的工作是經由影響「目標」、「人」、「流程」，**讓一群人合作時得出更好的結果。**

團隊人數少的時候，讓大家對「目標」有共識很簡單。只要圍坐一張桌子就所有人都到齊了，根本不會出現太多的雞同

鴨講。搞定「目標」後，剩「人」和「流程」兩件事要解決，其中又以「人」最為重要。

如何能讓人拿出好表現？如同葛洛夫在經典著作《葛洛夫給經理人的第一課》指出，這個問題感覺很複雜，但其實不然。葛洛夫反過來問：[7]是什麼妨礙人做好工作？只有兩種可能。第一種可能是**人們不曉得如何能做好工作**；第二種可能是他們知道怎麼做，但**沒動力做**。

再進一步看，為什麼會有人不曉得如何做好工作？顯而易見的是他們不具備那份工作需要的正確技能。如果你想找人幫房子刷油漆，卻雇用會計師，導致最後漆得亂七八糟，也沒什麼好訝異的。接受過簿記訓練的人，不一定擁有擔任一流油漆工的經驗。你身為管理者碰上這種情形時，有兩條路可走：一、協助你帶的人學習必要技能，或是二、改成雇用其他具備必要技能的人。

至於人為什麼會沒動力把工作做好？答案有可能是他們不清楚「做得好」是什麼樣子；另一種可能是他們的職務無法滿足個人抱負，他們**做得到**，但寧願去做別的事。還有一種是他們覺得就算多努力一點，也什麼事都不會變——有功無賞，就算一切照舊也不會有處罰，那幹嘛給自己找麻煩？

解決工作表現不佳的第一步，永遠是分析背後的個人議題

是什麼。是動力問題，還是能力問題？找出答案不一定很難。和你帶的人多聊個幾次就知道了。首先，討論你們的期待是否一致——你們兩個人心目中的「做好」是一樣的事嗎？接下來，討論是否動力問題。如果兩件事都搞定了，你依舊感到憂心，那就研究是否涉及技能問題。

當然，以上方法要有用的前提，是你們能進行具備建設性的誠實對話。不論你從事哪一行、你的團隊有多大，懂得如何診斷與解決部屬的問題，將是你們能一起成功的關鍵。一切的一切，始於替彼此的關係建立穩固的根基。

信任
是最重要的元素

作家契訶夫（Anton Chekhov）說過：「你一定得信任人，要不然日子過不下去。」[8]不論是友誼、婚姻、合夥，所有的關係皆是如此，管理者與部屬之間的關係也一樣。

聽起來言之成理，對吧？但說起來容易，做起來難，尤其如果你是在上位的那個人。不論你如何看待雙方的關係，你就

是下屬的頂頭上司。你能左右他們日常工作的程度，高過他們能影響你的程度。也就是說，建立信任關係的責任其實在你身上，不在部屬身上。

想一想你和自己的上司之間的關係。事情不順利時，你垂頭喪氣走進主管辦公室，此時你會說什麼？

如果你和我頭幾年進職場一樣，答案將是什麼都不提。我覺得向主管承認自己工作不順利很彆扭，不希望主管認為信任錯人。我如果因為工作量太大，同時得處理好幾個專案，其中一個趕不及，我會告訴主管：「我現在手忙腳亂，但別擔心，我會撐過來。」但通常這種時候我的壓力指數已破表，瘋狂工作，不眠不休。

想在主管心中保持好印象是人之常情。被當成愛抱怨、辦事不力、出問題的員工，似乎是向上管理時顯然不能做的事。

當然，問題在於如果你帶的人不肯說出真實的感受，你幫不了他們。你可能疏忽了早期的警訊，造成日後更大的問題。人們會在心中默默不滿，直到有一天突然辭職。發生這種事的時候，人們大多不只是為了脫離公司，也是在逃離你。

避免被蒙在鼓裡的方法，就是建立有信任基礎的關係。讓部屬覺得有什麼事都能跟你說，相信你真的關心他們。如果以下三件事都做到了，你自然就成功了：

我帶的人要是碰上任何大問題，他們習慣讓我知道：信任關係的特徵是人們感到可以告訴你自己犯的錯、遇上的挑戰、心中的恐懼等等。如果他們負責的工作碰上難關，他們會立刻告訴你，你們有辦法一起解決。如果他們和某個人合作發生嫌隙，你會從他們本人口中聽到這件事，而不是從其他的消息來源。部屬如果為了某件事晚上睡不著覺，他們會告訴你發生什麼事。

團隊成員曾經和我分享如何用一個簡單的方法，就能測試關係健不健康：如果她問自己帶的人近況如何，連續好幾個星期的答案都是：「每一件事都很好。」這是需要進一步追問的徵兆。員工大概不想提令人心煩的糟糕細節，才因此每次都告訴你事情很好。

我和部屬定期相互批評指教，沒人感到是人身攻擊：萬一你覺得自己帶的人做得不太好，你是否可以明講？同樣的，如果部屬感到你犯了錯，他們是否會提醒你？

我的朋友馬克·拉布金（Mark Rabkin）分享過一個我很喜歡的訣竅：努力讓你所有的一對一時間感覺有點尷尬。[9]為什麼要這麼做？因為最重要、最有意義的對話都帶有那個特徵。不論是討論做錯的事、面對緊張情勢、談論內心的恐懼或私底下

的期待，全都令人感到不自在，但如果都只聊一些浮泛的客套話，不可能建立起深厚的關係。

就算是口才再好的人，表達負面感受不免令人感到彆扭，例如：「我做得很好時，我感受不到你的讚賞。」、「上星期你講了什麼什麼，我感到你並未真正了解我的專案。」然而，這種事必須講出來，才有辦法解決。要是有信任的基礎，這類型的對話將比較容易說出口。

想像一下，你和最好的朋友去逛街，她試穿了一件不討喜的黃綠色毛衣，問你：「好看嗎？」

你回答：「好像一隻毛毛蟲。」你不擔心這句評語會汙辱到對方，因為她是你最好的朋友，她知道你是為了拯救她的穿衣品味才那麼說，不是惡意批評。

然而，如果對方是陌生人，同一句話你會三思後才說出口，因為你們沒相處過，你可能冒犯到他。雙方必須過去持續有良好的相處經驗，才有辦法建立起那麼深的信任感，彼此提出善意的寶貴批評。下一章將進一步介紹如何好好給建議。

我帶的人很願意再當我的部屬：你和部屬之間關係好不好，沒有比這更真實的指標了——如果未來可以選擇，他們願意再當你的屬下嗎？如果有經理要離職，他團隊的人願意冒險跟他走，代表那名經理的領導能力受到了肯定。

有的公司做團隊健全度的匿名調查時，直接問：「你會願意再替你的主管工作嗎？」如果你的組織平日不做這樣的調查，光是想一想這個問題就能帶來啟發。

　　你帶的每一個人，你都有信心他們會願意再待在你的團隊嗎？如果你不確定他們是否一定會願意，那答案大概是不願意（道理如同如果你還得問：「我愛這個人嗎？」那你大概不愛）。

　　此外，你也可以大略知道部屬的心聲，方法是問他們：「你心目中的完美主管具備哪些特質？」接著評估一下自己和他們描述的人像不像（直接開口問：「你會願意再替我工作嗎？」的話絕對會讓尷尬指數飆高，得不到百分百誠實的答案）。

努力當好一個人，
不要努力當上司

　　有一次，我向底下的主管A指出他的問題。A雖然很有才華，但他的團隊告訴我，他習慣事事插手。同仁希望他能幫忙解決問題，而不是指揮每個人日常工作該怎麼做。

　　我傳達眾人的心聲，A像洩了氣的皮球。我想他一定是在

心中拚命回想過去幾週的所有互動，想著自己到底說了什麼，為什麼大家會這樣覺得。

我可以了解A的感受，因為有人告訴過我一模一樣的話。A告訴我，他猜想事情大概是怎麼一回事、他忽略了哪些地方。我回答：「我了解。」他愣住，好像我說了什麼深奧的哲理一樣。「妳了解？」他問。「對啊，這種事我也經常很難拿捏。」我說。

我接著分享也不過是一天前的例子，我沒抓好平衡，原意是提供有辦法採取行動的建議，很容易變成「連小事都要管」。我說完故事，A看起來鬆了一口氣。「謝謝妳告訴我，」他說，「太有幫助了。」

A的反應讓我很訝異，因為就我所知，我根本沒說出任何有用的話。我們還沒討論到眼前的問題可以採取什麼樣的辦法解決，我只不過是坦承自己也碰過相同的問題。

我一直記得那次的事，因為我帶的主管把話聽進去了，但不是因為我侃侃而談，給了很多睿智的建議，而是在那個瞬間，我們能理解彼此。我不是什麼高高在上的上司，只不過是另一個也在和管理工作奮力掙扎的普通人。我們兩個人建立人與人之間的連結，後來幾乎不管討論什麼事都很容易。

贏得部屬的信任，和贏得任何人的信任一樣，方法沒什麼不同。你需要做到以下幾件事：

尊重與關心你管理的人

幾年前，我參加一場管理工作坊，主持人是某位資深主管，他擁有一項驚人的管理紀錄：他當了那麼多年主管，底下從來沒人辭職，也沒人跳槽到挖角的公司。他的祕訣是什麼？他告訴工作坊的參加者：「如果你今天什麼都記不住，記住一件事就好：**管理就是關懷。**」

如果你不是發自內心尊重或關心你管理的人，騙不了人。相信我，人們心知肚明。沒有人是那麼出色的演員，有辦法控制下意識透過身體語言發出的千萬則訊息。如果在你心底深處不相信某個人會成功，你不可能讓對方感受到你相信他們真的可以。

關懷要有方法，關懷不是一件直接了當的事。我剛擔任主管職的時候，還以為關心自己帶的人，意思就是每當發生爭執，我一律支持部屬的說法。如果有人批評我帶的人，我有義務跳出來替部屬辯護，以顯示我支持他們。

然而，支持與關心某個人的意思，不一定是把他們的看法照單全收，也不是替他們犯的錯找藉口。我這一生最幫我的貴人，例如父母、好友、主管，他們通常毫不猶豫說出為什麼他們認為我錯了（我媽老愛提醒我，我小時候每天早上都吵著要

吃冰淇淋當早餐，她永遠堅定拒絕，今日的我才能養成健康的飲食習慣）。

關懷的意思其實是盡量協助你帶的人成功，讓他們滿意自己的工作。關懷的意思是花時間了解部屬在乎什麼。關懷是明白我們在工作與在家時，不是分開的兩個人——有時個人生活會混入專業生活，沒關係的。

此外，尊重的關鍵，在於尊重必須是無條件的，你尊重**他們整個人**，而不是因為他們替你立下汗馬功勞。我沒見過哪個長官會不支持旗下績效最好的人。部屬幫你做到很多事的時候，雙方輕鬆就能擁有美好關係。比較困難的考驗是當對方狀況不理想時，你的態度又是如何？

如果員工感到你是依據他們的表現，再決定要不要支持他們、尊重他們，發生狀況時，他們很難告訴你實情。反過來講，如果他們感到不論發生什麼事，你都**無條件**關心他們，就算失敗也一樣，他們才不會欺上瞞下。

我認識的人被主管解雇後，依舊會共進午餐聊近況。我們是人，不只是在某個時間點、在某個團隊中的工作產出而已，真正的尊重會反映出那點。

花時間協助你管理的人

你最寶貴的資源是你的時間與力氣。當你把時間與精力用在團隊上，你將建立起健康的關係。這也是為什麼一對一會議（簡稱1：1）是相當重要的管理環節。我建議每週至少要來一次1：1，每位部屬至少分到30分鐘，視情況增加。

即便你的辦公室座位就在某位同仁旁邊，天天看見他，但1：1將讓你們有機會討論不曾被提起的話題，例如他的工作動力是什麼、他的長期職涯規劃是什麼、他對於這份工作的整體感受等等。1：1的重點應該放在部屬身上，討論如何能協助他們變得更成功，而不是你你你、你需要什麼。如果你想聽的是近況更新，那就另外找機會，改把寶貴的1：1面對面時間，用來討論比較難在小組討論或電子郵件中談的議題。

理想的1：1討論會讓部屬感到獲益。如果他們覺得聊得很愉快，但沒什麼記憶點，那表示還有改善的空間。別忘了，你的職責是替你帶的人帶來乘數效應。如果你能移除障礙、提供寶貴的新觀點、增加對方的自信，你是在輔導他們成功。

如何舉辦最有用的1：1會談？答案是事先做好準備。如果雙方都沒想好要談什麼，很少會出現精彩的對話。我告訴部屬，我希望珍視雙方的共處時間，也因此我們該專心談對他們

來說最重要的事。如果真的不曉得該談什麼，可以從以下幾點
起步：

◎ **討論最重要的優先事項**：你的部屬最該達成的第一、
二、三件事是什麼？你該如何協助他們克服相關挑戰？

◎ **協調怎樣叫「優秀表現」**：你們是否擁有共同的願景，
知道該朝什麼方向努力？你們的目標或期待是否一致？

◎ **分享回饋意見**：你能給什麼樣的回饋協助部屬？你的部
屬能給你什麼回饋，讓你成為更有效率的管理者？

◎ **檢討現況**：每隔一陣子，可以討論一下大方向，聊一聊
部屬的整體心態──整體而言，他目前感覺如何？哪些
地方滿意、哪些地方不滿意？他的目標是否產生變化？
他最近學到哪些事、接下來想學什麼？

主管和部屬最好雙方都先想好要在 1：1 中談什麼主題。我
已經養成習慣，每天早上瀏覽行事曆，列出當天要和會談對象
聊的問題清單。

為什麼要列問題清單？因為教練了解現況的最佳工具，就
是「問」。不要自以為知道問題出在哪裡，也不要假設你知道
該如何解決。即便你完全是出於好意，試圖要「幫忙」，其實

常會幫倒忙。我們這輩子都碰過那種被人說教的情況，對話時講的話我們左耳進，右耳出，因為他們根本不曉得我們真正瓶頸的地方。不請自來的「協助」反而像是愛干預或亂插手。

管理者的工作並不是給建議或「挽救情勢」——而是讓部屬有能力自己找出答案。他們比你還清楚問題的前因後果，也因此最適合由他們自行找出解決的辦法。讓他們當1：1中主要發言的那個人，你則負責聆聽與問更深入的問題。

我最喜歡靠著以下問題來推動對話：

◎ **找出癥結**：你管理的對象真正在意、值得花比較多時間討論的主題。

　　你現在最煩心的事是什麼？

　　你打算這星期要優先處理哪些事？

　　你認為我們今天的時間最好拿來談什麼？

◎ **理解**：找出要討論的主題後，挖掘問題的根源與解決之道。

　　你理想中的結果是什麼樣子？

　　得出那樣的結果難在哪裡？

　　你真正在意的事是什麼？

　　你認為最理想的辦法是什麼？

你最擔心的情況是什麼？

◎ **支持**：此類提問的重點是找出如何最能協助部屬。

你希望我怎麼幫你？

我怎麼做能讓你更成功？

我們今日的對話最有用的地方是哪裡？

誠實告知部屬的表現

你是上司，你如何看待部屬的表現，影響力遠勝他們認為你做得好不好，畢竟你手握生殺大權，決定著他們的工作內容，也左右著他們能否升遷或被開除。

這種權力的不對等，意味著你在評估表現時，你有責任誠實以告。

永遠要讓部屬清楚知道你的期待、你認為他們目前做到什麼程度。如果部屬經常在猜想：**不曉得主管怎麼看我**？你就需要多給一點回饋。可別假定部屬能聽懂你的言外之意，也不要誤認沒消息就是好消息。如果你認為他們做得實在太好了，那就告訴他們。如果你認為沒做到你期待的程度，他們也有知的權利，而且你要讓他們清楚了解為什麼你會這麼認為（給予回饋的訣竅，請見下一章）。

承認自己也會犯錯，
依舊有成長的空間

　　沒有人是完美的，管理者也不是。你也有可能犯錯，讓人失望，或說錯話，讓事情雪上加霜。發生失誤時，不要掉進陷阱，誤以為自己既然是上司，不能承認短處或弱點。你要道歉，承認自己搞砸了，未來會想辦法改善。

　　先前有一次，某位共事的主管發了一封寄給很多人的群信，信中暗示某個團隊進度不夠快。由於那位主管備受敬重，輩分高，語氣又明顯不悅，那封信深深打擊士氣。有人私下提醒那位主管，他不清楚團隊碰上的窘境，寫那樣的信無濟於事。那位主管立刻從善如流，真誠向大家道歉。

　　有一段話很有名：**人們會忘掉你說過什麼、做過什麼，但永遠不會忘記你帶來的感受。**我現在已經記不清那封電子郵件的詳細內容，但依舊記得那位主管道歉後士氣產生的變化。

　　事情不順利時，最有幫助的通常不是建議或答案，而是同理心。我自己也未能一開始就直覺了解這件事，還以為領導者永遠都得表現出自信的模樣，什麼都得懂。我得在部屬的面前，讓他們認為我知道該怎麼做，不懂也得裝懂。

　　布芮尼‧布朗（Brené Brown）是專門研究勇氣、羞辱與

同理心的學者，她不認同那樣的看法，反而認為展現脆弱的一面，將帶來極大的力量：「脆弱聽在耳裡像實話，[10]感覺起來像勇氣。實話與勇氣有時不一定令人舒坦，但絕非弱點。」

我今日努力承認自己不知道答案，或是我也正在解決自己碰上的挑戰。此時我會這樣告訴其他人：

◎「我不知道答案。你怎麼看？」

◎「我要招供，為自己上次做的某某事／說的某某話道歉……」

◎「這部分我個人有待成長的地方包括……」

◎「恐怕我所知不多，無法幫上那個問題的忙。你應該改成跟某某某談一談……」

我發現如果真心誠意說出自己的恐懼、錯誤、不確定的地方，不試圖掩飾，能因此和自己帶的人建立起更良好的關係。

協助他人發揮長處

幾年前，我和上司克里斯談新產品的設計，氣氛很尷尬，

克里斯已經給過我幾次相同的建議，他一直覺得目前的設計過於複雜，改過幾次後，他依舊認為相同的問題未獲得改善。

克里斯說的沒錯。我也判斷我們同一時間動作太快，加了太多花俏但沒必要的東西，造成整體的體驗令人困惑，然而我無法讓大家取得共識，決定究竟該砍掉哪些功能，造成新產品推出的日期得延後。

我還記得自己呆呆盯著牆上的空白處，整個人很沮喪。克里斯安靜了幾秒鐘後說：「別忘了妳是在做對的事。」

一直到今天，我依舊很難描述那句簡單的話帶來的力量。克里斯其實可以說其他話來安慰我，例如：「你們會想出辦法的」、「情況沒想像中糟」、「你們可以試試看這樣做」。然而，克里斯沒那樣說，他那句話直接在講**我**，而且我感覺他是真心那樣認為。我的看法不一定都正確，但克里斯從原則性的觀點出發，投下信心票，讓我找回一點信心。克里斯認可我的長處，讓我再度獲得動力。

那次過後的幾年間，每當我猶豫是否該提出反對意見，每當某個提案遭受龐大的阻力，每當我考慮是否該接下新挑戰，我一遍又一遍在心中召喚那句話：**別忘了妳是在做對的事**。

我們人天生對壞事比對好事敏感，畢竟這種傾向在演化上有好處。想像一下，你是遠古時代的穴居人，你正在偵查四周

的環境，你容易留意到哪件事？是一切正常，小鹿在吃草，樹枝輕輕晃動，陽光普照，還是留意到暗處有一隻饑餓的獅子？

每次我讀上司的評語，我只會匆匆瞥過優點和「很好」的欄位，把注意力集中在「需要改善的地方」。如果我一整天生產力超高，但搞砸了一場會議，猜猜我開車回家時，什麼事會占據我的腦子？

我扮演管理者的角色時，注意力同樣也會被有問題的地方吸引過去。我通常會關注還不到位的設計，以及進度落後的專案、需要招人的團隊等等。每當我和部屬談的時候，雙方很容易把所有的時間都放在需要改善的地方。

然而，所有人大概都記得人生中的某種時刻：有人讚美我們獨特的優點，我們心中感到自豪，更有動力達成目標。

記得要讚美他人辛勤工作，具備寶貴技術，提供實用建議，或是行事正確。如果對方感受到那是真心的讚美，不是隨口誇誇，將帶來很大的動力。此外，人們發揮長處時，也更可能成功——馬克斯・巴金漢（Marcus Buckingham）與唐諾・克里夫頓（Donald Clifton）合著的《發現我的天才》（*Now, Discover Your Strengths*），以及湯姆・雷斯（Tom Rath）的《優勢探測器》（*StrengthsFinder 2.0*），兩本書都深入探討了這個主題。

舉例來說，如果你的團隊裡有人喜歡帶新人，也真的很擅長，那就找機會讓他們能多做類似的事，例如帶實習生，或是以非正式的方式指導他人。如果有人擅長凝聚大家的感情，平日發動中午聚餐，那就問問他們是否有興趣負責某些會議。

　　相關的例子都是依據某個人的興趣與專長，給他們機會成長。著名管理者與顧問巴金漢研究數百個組織與領袖後指出：「優秀的管理者與其他的管理者就是這點不同：優秀管理者會找出每一個人的特點，接著加以運用。」、「管理者的職責……是把一個人的專長變成績效。」[11]

　　進一步運用這個發揮優勢的管理原則後，你將發現在團隊中也是同樣的道理。

　　如果你的團隊有五個人，四人表現良好，一人表現不佳，你可能會覺得應該把大部分的時間與力氣，用在那個表現不佳的人身上，因為你想要「解決」問題。然而，如同個人應該運用優勢的道理，你也應該把心力放在團隊最好的人才——表現不錯、可以更上一層樓的那些人，別讓表現最糟的成員占據你的時間——盡量以最快的速度判斷、處理與解決他們碰上的問題就好。

　　這種做法聽起來違反直覺，因為表現最好的組員大概不會向你求救。回到本書Chapter 1檸檬水攤子的例子，如果托比每

小時能賣出30杯檸檬水，亨利只賣出十杯，你可能會想把大部分的時間花在亨利身上，希望改善他的業績。然而，如果你輔導托比，托比光是進步10％，就能多賣出三杯檸檬水。亨利的話，你得協助他進步33％，他才有辦法同樣多賣出三杯，而進步33％大概會比進步10％難很多。

精明的執行長知道，自己應該特別關注大有可為的專案，投入更多人力、資源、關注，而不是努力讓每一個專案都「不失敗」而已。同理，厲害的投資人知道，慧眼識英雄，找出一間新創公司，培植成下一個價值十億美元的公司，勝過投資數十間賠錢的公司。你的團隊正在成長的新星可能並未爭寵，但如果你能協助他們做更遠大的夢想，成為更出色的領袖，你會發現整個團隊一起突飛猛進。

團隊中不該容忍的事

有一種人是典型的優秀孤狼，他雖然沒事就貶低其他人，依舊成為英雄，因為他比其他每一個人都優秀。流行文化以浪漫情懷呈現這樣的人，例如：福爾摩斯、《穿著Prada的惡魔》中的老闆米蘭達、鋼鐵人東尼・史塔克（Tony Stark）等等。然

而，在現實生活中，不論多有才華，你不會希望團隊裡有這樣的人，因為你不會獲得乘數效應，反而是除法效應：有這樣的人在，團隊裡其他每個人的效率都大打折扣。

史丹佛教授羅伯‧蘇頓（Robert I. Sutton）著名的《拒絕混蛋守則》（*The No Asshole Rule*）一書中特別提到這種現象。他認為「混蛋」讓其他人信心低落，還特別喜歡欺負力量不如自己的人。[12]

我曾經和這樣的人共事過。他創意十足，產量豐富，但堅持己見，如果你和他意見不同，又比他資淺，他就會奚落你，認為你工作能力差勁。有的人很仰慕他，但和他同組的人則避之唯恐不及，其中一人曾直率地告訴我：「他讓你感覺自己是白癡。」這位同事到處破壞人與人之間的關係，別人得處理他留下的爛攤子。

事後回想起來，這個人明顯讓團隊烏煙瘴氣，但我當時還是個經驗不足的管理者，並未清楚意識到這件事，心想：**這個人完成過很多出色的工作。**

後來我發現，這個傑出的混蛋離開後，整個團隊反而**變得更好**。沒錯，你失去了混蛋的個人貢獻，但其他人撥雲見日，可以放下防衛心，誠心合作，團結力量大，團隊的整體表現獲得改善。

我發現的第二件事是其實有辦法找到工作能力強、但個性也謙虛、好相處的人才。現實人生和電影演得不一樣,能力強不代表個性就會差。你其實可以設立高標準的合作精神,也的確該這麼做。又強又謙虛的人才的確存在。不要為了認為欺負別人沒關係的混蛋,而違反你的價值觀。少了這種人,你和你的團隊都會更好。

　　我學到的第三件事是如果你營造的文化顯然不容忍混蛋,混蛋其實會變得收斂。Chapter 10會再介紹如何建立健康的團隊文化。

沒必要永遠都要
「解決問題」

　　我剛開始帶人的時候犯過的錯,就是以為自己的工作是當和事佬,心想如果兩個充滿善意的聰明人會意見不和,一定是有誤會才會那樣。我的工作是把事情說開,每個人握手言和,一起再次圍著營火開心合唱。

　　我的部屬如果跑來抱怨別人,例如對方似乎從來都不認真

聽他們提出的建議，我會試著讓他們換個方式想——**或許她不曉得你有這種感受，她有你不知道的苦衷，你有沒有試著和她溝通過這件事？**

接下來，我會找來另一方的當事人，也做相同的輔導：解釋目前的情況，了解她的觀點，鼓勵兩個人聊一聊和好。我的思考從頭到尾都是：**一定能以有益的方式解決這件事**。

這種做法不是每一次都成功。有一次，另一名主管跑來告訴我，他和我的部屬合作並不順利。我堅信沒那回事，不管他們兩個人有什麼不和的地方，一定有辦法解決。接下來一週，我在兩人之間穿針引線。當我第四度和那位主管會面後，他崩潰地告訴我：「你試著解決的事，不值得浪費你的時間、我的時間、你的部屬的時間。」他說的沒錯，他們兩個人的價值觀和工作風格十分不同，不把他們擺在同一個專案，反而對大家都好。

過去幾年，我碰過優秀的團隊成員離開，另謀高就。一開始，每當有人求去，我很難不當成我這個主管失敗了。我很愛惜這個人才，很在乎我的團隊，卻無法讓他們和諧共處，感覺像是拼不起來的樂高積木，水乳交融變成勢如水火。一定是我哪裡做錯了！

然而，我漸漸改變觀點。我現在明白，一個人在團隊裡是否會快樂，個人與組織的價值觀扮演著重要的角色。

要怎麼叫都可以——看是速配指數、動力或化學火花——但個人看重的事，必須剛好也是團隊（公司）看重的事。

　　如果兩方看重的事不一樣，個人可能一直感到失志，得不到想在職涯中得到的東西。

　　如果某個團隊不適合某位成員，有時在同一間公司裡內轉就能解決問題——有了新環境，加上要動腦的問題變了，通常就能皆大歡喜。如果內轉行不通，或許這個人和公司的整體文化不和，此時分道揚鑣對每一個人都好。

　　道理就跟約會一樣。有一個人樣樣都好，心地善良、認真負責、幽默風趣、笑容迷人，但你們就是不適合在一起。他是跳傘冠軍，但你有懼高症。他想生一拖拉庫的小孩，但你未來不想過那種生活。他想定下來了，但你還想探索這個花花世界。沒關係的，只是這個人不適合你罷了。

　　近年來，我花很多時間了解應徵者看重的事，也坦白告知公司和我所重視的事。如果我提到的價值觀，令他們點頭如搗蒜，他們會愛上這份工作。如果他們沒如獲知音，那也沒關係。即便他們擁有的技能完全就是我要的，硬湊合的姻緣不會有好結果。每一個人都應該在自己熱愛的環境中工作，身旁的人也擁有相同的熱情。萬一後來明瞭自己註定要做別的事，那就好聚好散，這不是誰的錯。

快刀斬亂麻

我剛開始帶人的時候，覺得最重要的任務就是維護團隊。我有責任支持他們、保護他們、聽他們說話。如果有人拿出品質不夠好的成果，生產力不足，打擊團隊士氣，我心想：**如果我不站出來展現同理心，還有誰會？**

沒有人。我是他們的主管，這是我的分內之事。再說了，每個人都該得到第二次機會。

很遺憾，八成的時候，我多下的工夫，全都於事無補，例如：增加一對一時間、支援專案、和同仁對話、加油打氣。

前文已經提過，工作上沒拿出好表現的主因，包括不曉得怎樣的表現叫「好」、職務內容不符合個人抱負、在公司感到不受賞識、缺乏技能、扯別人後腿等等。

如果問題出在部屬感到不受賞識，通常多和他們誠實聊一聊，就能解決問題。然而，如果個人動力從根本上與團隊的價值觀相左，那麼再多的加油打氣，也只能解決短期的症狀，無法治本。

舉例來說，我的團隊裡曾有一個叫弗瑞德（化名）的人，弗瑞德一心一意想設計最新科技，他的作品通常融入創意十足的新式互動，在最新型的手機上帶來令人驚豔的體驗。

然而，我們的團隊所設計的產品，用戶是全球各地的數十億人，其中絕大多數手中並未握有最新科技，手機的使用環境網路收訊不佳，或是機子儲存空間不大。我們的團隊最重要的設計任務是替最多人服務，意思就是設計時會綁手綁腳。由於弗瑞德的個人抱負與團隊看重的事不一致，每當他有天馬行空的大膽概念被打回票，其他較為實際的設計被採納時，他都會因此沮喪。

同樣的，如果部屬無法做好工作的原因是缺乏基本技能，就算盡最大的力量從旁輔助，也不可能幾個月內就改善現況。我曾帶過一個叫莎拉（化名）的人，莎拉擅長細膩的設計，個性卻丟三落四。她最適合一板一眼、提供強大專案管理支持的工作環境，但我們的組織採取由下而上的精神，由所有的員工自行有效運用時間。莎拉因此經常錯過截止日期，或是忘記做自己答應接下的工作。

我當菜鳥經理時，用大量的心力輔導團隊裡的弗瑞德和莎拉。我會花很長的時間對話，一起努力做出改變，希望事情能好轉，但接著就看到他們故態復萌。我感到精疲力竭，但我以為管理者要關心部屬，就是得那麼做。

後來碰上轉捩點，因為我發現這種循環不只讓我心累，我帶的人更慘。我試圖幫忙的人反而壓力過大，他們知道自己表

現得不夠好，我的「幫忙」更是令他們覺得像是魔戒裡的索倫之眼（Eye of Sauron）在監視著他們的一舉一動。團隊裡其他人也不耐煩，覺得被表現不佳的隊友拖累，擔心事情究竟什麼時候才會好轉。

如果你不認為某個人能勝任目前的職位，到最後，最仁慈的做法將是坦白告訴他們，協助他們往前走。前奇異（General Electric）執行長傑克・威爾許（Jack Welch）主張，一直保護績效差的員工，到了主管也保不住他們時，只會帶來更大的傷害。「我認為留下不會成長與無法改進的人，才是殘忍與『假仁慈』。世上最殘酷的事，就是一直等到人們事業的中後期，才告知他們不適合這一行。」[13]

此時你有兩種選項：協助他們在公司裡找到新角色，或是放手讓他們離開。

如果公司裡有更適合的職位，更符合當事人的興趣與技能，永遠先考慮第一種選項。如此一來，當事人和公司能夠獲得皆大歡喜的結局。還記得剛才提到的弗瑞德嗎？他喜歡設計尖端科技，最後加入另一個團隊。那個團隊專門研發新興技術，他在那裡如魚得水。

然而，選第一條路要小心。有的管理者因為狠不下心開除人，即便要求當事人離開，其實對當事人、對公司來講都是最

好的結果，他們仍會猶豫不決。不要把缺乏正確技能或行為不良的員工塞給別人。

判斷的方法是問自己：**如果這個人還沒進公司，依據我知道的事，我仍然會推薦另一個團隊雇用他嗎？**一直無法獨立作業的莎拉，我不認為她換到公司的其他部門，就會變成成功的員工。

當你決定讓某個人離開，態度要直接，但也要表現出尊重。不要讓大家竊竊私語（這種事不適合討論），也不要認為是部屬的錯（Netflix的前人才長珮蒂‧麥寇德〔Patty McCord〕曾經思索：「為什麼英文要說開除是『被火掉』（fired）？難道我們是在開火攻擊嗎？」[14]）。

部屬在你的團隊表現不佳，不一定就是他的問題——事實上，我經常想起朋友莫里斯睿智的話語：「或許是**你**不適合當他的主管，而不是他不適合當你的部屬。」有的情況是某個人的技能不符合團隊需求，你當初卻決定雇用他。也或者是某個專案並不適合他，你卻硬要他做。關心員工的意思是說，你明白你們的關係是雙向的。

解雇不只是被開除的人會大受打擊，你和團隊同樣也會受影響。人要顧念舊情，但要著眼於未來，別讓分手曠日費時。盡量協助你的人進入最好的人生下一章，吸取這次的經驗成為

更好的管理者。

好消息是開除其實是很極端的狀況。較為常見的情形是有了正確的指導後，你帶的人就會明白目標是什麼，也知道如何克服拖累自己的壞習慣，懂得如何帶來更多貢獻。

優秀的管理者同時也是優秀的教練。下一章我們將討論成為好教練的祕訣——提供有效的回饋意見。

提供回饋的技巧

避免這麼做

年度績效檢討的時間到了。
過去這一年，你的表現……

盡量這麼做

我能不能給一點今天早上
那場會議的建議？

我這輩子收過的最毒舌的回饋意見，寫在前實習生德魯·哈姆林寄來的電子郵件裡。德魯還在讀書的時候，就定期寫信給我們的設計團隊，談他對我們的設計觀察。他在其中一封信中，指出螢幕上的顯示元素沒對齊：「你們是故意弄得這麼醜嗎？」

我們曉得德魯沒惡意，他是誠心發問，但這絕對是給回饋時要記住的第一條原則：千萬**不要**學德魯。幸好他的話我們沒往心裡去，我們對於德魯熱情積極的態度印象太深刻，在他畢業後雇用了他。幾年後，德魯成為大家喜愛的主管。風水輪流轉，德魯目前是我們設計互評會議的主要負責人，一直到了今日，我們都還會笑他拋出「世上最糟糕的評論」。

一路上讓我獲益最深的評論，則來自我的前部屬羅比。有一次我問羅比，哪方面我可以再做得更好一點，他深吸一口氣說：「茱莉，有時我感到我表現好的話，妳就會站在我這邊，我們兩個人的關係沒問題。然而，一旦我做不好，我們的關係就會立刻變質，彷彿妳沒那麼信任我。」羅比接著舉例我說過的哪些話，讓他有這樣的感受。羅比以和善誠實的態度說出想法。單單一次回饋，就完全改變我對於管理的看法。

很可惜，多數人不擅長給回饋意見。有時候，我們不開口是因為覺得給不了什麼實用的建議，或是如果有批評的想法，

我們會保持沉默，害怕傷到別人的心。如果某件事過得去，那就夠了，何必多言？此外，說出看法有風險，人們可能會覺得你「講話太模糊，不實用」或「太情緒化，只是在發洩」。有鑒於此，也難怪剛當上主管的人經常認為，給回饋是最令人棘手的環節。

對領導者來說，不論事情是否順利，給回饋都是最基本的工作。掌握這項技能，就能解決「模糊的期待」與「技能不足」的問題，這也是部屬無法拿出好表現的兩大障礙。你帶的人必須知道究竟該把目標放在哪裡，也知道如何能達成那個目標。

理想的回饋
長什麼樣子？

想一想你收過最好的回饋。為什麼讓你感到意義重大？

我賭你還會記得，是因為**那個回饋讓你有動力改變自己的行為，你的人生因此更美好。**

最好的回饋，將能使人大變身，並且感到自豪。今日我能改善管理技巧，絕對是因為那次和羅比的對話令我恍然大悟。

什麼是「回饋」？我在職業生涯的早期，把「回饋」定義為「如何改善的建議」。我想到的標準例子是設計互評，給回饋的意思是找出問題，接著想出幾個可能的解決辦法。

然而，這樣的定義太狹隘。除了「如何改善的建議」，回饋還能以各種方式激勵人們採取正面的行動。首先，回饋的內容不一定要是批評，讚美帶來的動力通常大過批評。此外，不一定都要從你看到的問題講起。

鼓勵人們改變行為的方法有很多，以下介紹最常見的四種：

一開始就清楚設定期待

想像一下，你請了一位教練改善你的健身方式。教練難道會不給任何指點，就立刻要你開始做伏地挺身嗎？

不會。教練做完介紹後，會先和你一起坐下來，討論你的目標。接下來，教練會告訴你訓練中將發生什麼事、你可以如何善用訓練等等。雖然教練的建議此時還不是特別替你量身打造，他會依據過去訓練其他人的經驗，提醒他認為你應該知道的事。

雖然聽起來違反直覺，但還沒開工前，你就該展開回饋流程。此時你要做的事是取得共識，找出成功的樣貌（某個特定

的專案、某段特定的時間，應該做到什麼），事先把話說清楚，替未來的有效回饋打下基礎。這就像是展開一段旅程前，先把地圖都標示好，不要像無頭蒼蠅一樣，不管三七二十一先走上個幾英里，接著才詢問你是否走對路了。

這個階段務必要弄清楚幾件事：

◎ 怎麼樣算做得好，怎麼樣則是馬馬虎虎或不及格。
◎ 你需要給哪些建議，才能協助部屬踏出正確的第一步。
◎ 部屬應該避免哪些常見陷阱。

● ● ● ●

在你到職的前三個月，我期待你能和團隊建立良好關係，展開小型的「啟動專案」，接著在檢討時間分享你的初步設計。我不期待你的設計立刻就會被放行，但如果你做到了，那是厲害的全壘打。

你主持的下一場會議如果能做到以下的事，那就算成功了：清楚說明各方的意見，每個人覺得自己的觀點獲得完整呈現，最後做出決定。

一有機會就給「特定任務的回饋」

如同字面上的意思,「特定任務」的回饋是指當事人做了某件事後,你立刻給予回饋,例如:部屬做完分析簡報後,盡量以最明確、詳細的方式,指出你認為她哪裡做得好、哪些地方未來可以更好。

這種類型的回饋最容易給,因為是對**事**不對人,感覺比較不是針對個人的批評。萬一你一直無法養成給回饋的習慣,可以從這種類型做起。

針對特定任務的回饋,趁當事人記憶猶新時效果最好,也因此要以最快的速度分享。除非是絕對必須萬無一失的工作,例如不能失敗的簡報,除了面對面給回饋,也可以寄一封電子郵件或當天之內聊一聊。

理想上,針對特定任務的回饋,最好能成為一天之中隨手做的小習慣。部屬所做的每一件事,你如果有看到,他們都能獲益於你的一些指導。

• • • •

你昨天分享的研究報告十分精彩。你一開始就提出精

簡的摘要與最重要的發現，方便大家理解。有關於X方面的洞見，真的很有幫助。

提醒一下你今天早上的簡報：我注意到你立刻說出提議，沒先解釋你是如何得出那個結論，這樣很難評估最佳的方法。下一次先花個幾分鐘解釋前因後果，告訴大家你考慮過哪些可能性。

仔細思考過後，定期分享「行為回饋」

當你看著整體表現，檢視某位部屬得到的多次特定任務回饋，浮現什麼樣的主題？這位部屬做決定的速度是快還是慢？他是流程大師，也或者他的思考與眾不同？他偏好務實或理想型的解決方案？

找出回饋浮現的主題，依據部屬的行為模式，找出他們的獨特專長或可以加強的地方。

行為回饋很實用，這是一種量身打造的深度回饋，可以補足特定任務回饋的不足之處。把多個例子串在一起後，就能協助人們了解自身特有的興趣、性格與習慣，是如何影響他們發揮影響力的程度。

給予行為回饋，等於是說出你如何看待當事人，也因此要

字斟句酌，以相關的例子佐證，解釋你為什麼會那樣認為。最好要面對面討論，讓當事人有發問的機會，一來一往確認彼此的認知。

行為回饋能協助當事人了解其他人實際上如何看待他們，別人的看法可能和當事人自己的看法不同。你會感到不好討論，因為主題**相當**事關個人——我的朋友比喻為「治療時間」。然而，要是一切順利，你的部屬離開時會更了解自己，也明白如何能拿出更好的表現。

· · · ·

別人問起你的工作時，你的語氣通常充滿戒心。舉例來說，莎利評論你寫的程式時，你回她：「反正相信我就對了。」你不把別人的意見當一回事，結果讓自己顯得不可靠。

你徵招人才的能力是一流的。應徵者通常會提到和你聊過後，感到比一開始還要興奮能加入我們。此外，你擅長把正確人選推薦給正確的職位。舉例來說，一年前你發現約翰很適合X專案，使得他今日做得風生水起。

蒐集「360 度回饋」，力求客觀

「360度回饋」是集合多重觀點的回饋，也因此通常較能客觀地完整呈現一個人的表現。舉例來說，如果你的部屬帶領腦力激盪時間，與其只提供你的特定任務回饋，不如也蒐集在場其他人的想法，與他們分享。如果年度績效考察的時間到了，與其只依賴你個人的觀察，不如請和當事人合作最密切的同仁提供行為回饋，得出更深入的洞見。

許多企業每年會舉辦一至兩次360度回饋。如果公司沒有這方面的正式制度，你也可以自己來。我每季都會寄一封簡短的電子郵件，詢問與每一位部屬最親近的幾位同仁：（a）某某某哪一件事做得特別好，應該多做一點？（b）某某某哪一點應該改正，或是不再做那樣的事？

360度回饋較為完整，也因此得花較多的時間蒐集，一年頂多只能做幾次。不過，如果你並未深入參與部屬的日常工作，360度回饋的用處將特別大。由於這樣的回饋相當全面，你應該親自坐下來和部屬討論，同時也要用書面方式記錄這次得知的事，做為雙方未來的參考。

• • • •

工作同仁大力支持你處理預算危機的做法。這是一項重要又艱難的任務，你採取了鎮定的行動，運用高超的聆聽技巧，進行理性的討論，協助團隊得出好結果。

　　你的360度回饋重複出現一個主題：你擬定計畫時需要再嚴謹一點。舉例來說，你提出的定價方案並未列出「長者優惠」這項特殊定價，因此得出不正確的預測數字。你做事時充滿這種類型的小錯誤，這樣的模式已經開始損害大家對你的信任。

每次的重大失望，起因都是沒設好期待

　　多年前，我的前主管凱特・亞羅維滋（Kate Aronowitz）隨口問起團隊的近況。我回答：「每個人都很好，只有一個人例外（就叫他亞伯特好了）。」「噢？」凱特歪頭，「亞伯特怎麼了？」

　　我嘆了一口氣，說出心中擔心的事：亞伯特最近交出的第一個版本完全不對，甚至經過三輪的回饋後，他還是沒抓到感

覺。和他配合的工程師不耐煩了，其他設計師也不懂為什麼他一直聽不進別人的建議。

「那亞伯特符合妳的期待嗎？」凱特問。我愣住，想了一下，回答不符合。凱特揚起眉毛：「那妳有**明白**告訴他嗎？」

「嗯……」我啞口無言。我給了亞伯特大量的特定任務回饋，但並未直接說出他的表現每況愈下。還有六週就要做全公司的360度回饋，我原本想說到時候再談這件事。然而從凱特臉上的表情，我知道學到一課的時間到了。

凱特指出：「如果他在績效考核時間，才第一次聽說自己不符合期待，他會感覺很糟糕。」凱特接著解釋，由於公司的考核將摘要整理過去六個月的表現，如果亞伯特的確在那段期間多數未能符合期待，我應該早早告知才對。

凱特說的沒錯。如果亞伯特下個月將大吃一驚，拿到殘忍的評語，他可能以三種方式解釋發生了什麼事，而這三種都不會有好結果：

1. 這場考核根本不公平。如果真有這麼糟，為什麼都沒人指出來，到現在才說？鐵定是弄錯了。
2. 考核結果很公平，可是我的主管怠忽職守，都過了半年，才突然發現我做得不夠好。

3. 考核結果很公平，但主管從頭到尾都沒老實跟我說，我沒機會改進。

我差點掉進第三種情形，幸好還有時間趕緊行動。亞伯特愈早明白自己沒做到期待，就愈可能盡快改正，我們未來的績效談話也會更順利。

沒人喜歡突然接到噩耗。接下來幾個例子說明如何趁早做心理建設，以免未來失望。

你的部屬表明想升職

如果你不認為他有可能在接下來的六個月內升遷，但一直等到下一次的績效考核才告知這件事，他會花好幾個月時間揣測自己會不會升官，接著失望。

如果你明講：「我知道你很想升職，但你目前還不符合的條件包括……」這是讓當事人懂你想協助他們達成目標。明確告知升遷標準，然後接下來幾個月輔導他們，經常給予回饋，讓他們知道自己是否符合相關期待。如此一來，他們便不必暗自猜想。

你分配具備挑戰性的新專案給部屬

由於這次的專案牽一髮而動全身，你需要密切監督進度，然而如果你一直打斷部屬，詢問進度，提供不請自來的建議，你會讓大家感到沮喪無力，疑神疑鬼，一直回頭查看你是不是就站在背後。

然而，也不要等過了一個月後才檢視進度。如果方向不太對，最好早點發現。

碰上這種狀況時，設定期望可以減少過與不及的問題。在專案的開頭，就讓部屬知道你打算如何參與，例如明確告知你希望每週檢視兩次，一起討論最重要的問題。告知你打算哪些決定將由你下、哪些則由他們自己下。

管理者要是沒事就冒出來，丟出新的要求，團隊會心生怨氣（到Google查一下「Swoop and Poop」這個俚語*就知道了）。然而，管理者如果能事先預告自己在乎哪些事、又將如何一起投入專案，就能減少很多上下之間的摩擦。

---

* Swoop and Poop：意指工作都完成了，老闆才跳出來挑剔這個、挑剔那個，或是臨時又有新點子。

團隊設定十月要上市的目標

假設你的團隊在六月就知道，成果不太可能在十月前準備好，你會希望他們上市日期快到了才告訴你，還是立刻上報？

我想不會有管理者選擇晚一點才知道。太晚才講，很多事等於做白工——已經砸在行銷上的錢、需要重新安排媒體發布計畫、不再準確的銷售預測。此外，你會質疑為什麼團隊不早講——究竟是無能？還是在欺騙你？

如果你早在六月就知道來不及，比較有轉圜的餘地。你可以決定多調一些人手做這個專案，或是刪掉一些功能，趕上十月就能發表的目標。你也可以接受進度延遲，讓大家一起朝新的上市日期努力。

不過，團隊可能不願意直接告訴你：「我們不認為能夠達成十月上市的目標。」因為他們可能以為趕一趕就有辦法，或是害怕講出實情會惹禍上身。如果你預先就告知萬一上市日期有什麼問題，希望大家趁早講，講出來沒關係，愈早愈好，你會比較可能在第一時間就得知問題。

期待完美是不可能的，人有失手，馬有亂蹄，計畫總有趕不上期限的時候。計畫趕不上變化也沒關係，但發生問題時，要趁早調整預期，協助大家重新站穩腳步。記得展現關心與成

熟的態度，避免小問題拖成大問題。

　　每當你深感失望，或是你讓別人失望，問問自己：我的期待哪些地方設定得不夠清楚？接下來要如何改進？

事情有改善，回饋才算數

　　我有一個部屬叫喬治（化名），講話習慣長篇大論，他的簡報會讓聽眾抓不到重點，全部人總是呆呆望著他。我如果請他簡單用兩句話報告近況，他會整整解釋五分鐘。我發現同仁因此不認真聽他講話，所以有一天，我請他坐下，告訴他這個情況。喬治誠心接納意見，談完後我恭喜自己做得好。太好了，我給了有用的回饋，盡到主管的職責。

　　然而幾週後，又到了喬治的簡報時間，又發生一模一樣的事：喬治講得太細，聽眾無法在三十分鐘內了解重點。我感到挫敗，我們不是談過這件事了嗎？

　　我和喬治再次坐下來談，我問他為什麼沒簡化自己的簡報？喬治皺眉，堅持「可是我**有**啊。」他給我看他加上了目錄，

還調換了內容的順序。

這下子我才明白，誤解的人是**我**：喬治**的確**聽進了回饋，問題在於他不認為自己解釋事情的方式很複雜。如果他看不出哪裡複雜，他就改不了。

我覺得自己已經完成任務，指出問題，但如果實際上沒幫到喬治的忙，我給回饋也沒意義。你是不是好教練，要看別人是否在你的指導下進步。你可以試著讓部屬懷抱更遠大的夢想、達成更多成就，或是克服途中的障礙。永遠要記得自問：我給出的回饋，是否帶來我希望見到的改變？

進一步看，自己是否做到以下幾件事：

我給回饋的頻率是否夠密集？

我讀過數千份部屬填答的管理者績效評量。大家回答到「主管如何能進一步協助你？」這一題時，最常見的回答是直接了當的「多給我一點回饋」。

這個答案值得留意：在我們進一步詳細探討給回饋的**方法**之前，第一步很簡單，就是**多給一點回饋**，提醒自己做得還不夠多。

每次你見到部屬在做事，例如：執行專案、與顧客互動、

協商買賣、在會議上發言，想想能否提供一些實用的建議。請努力讓回饋至少有五成是正面內容，讓員工知道自己表現良好，例如：「你提出敏銳的觀察」、「你在互動中表現出大量的同理能力」。如果你聽見有同事誇獎他們，記得要轉達。另一方面，如果你有他們哪些地方可以改善的建議，就算只是小事，也要提醒一下，例如：「你在會議上提太多事，其他人沒有發言的機會。」

此外要留意的是，不能只給與特定任務相關的回饋，因為部屬第二常見的請求是：「多給我一點與我的技能和職涯發展有關的回饋。」我認識一位主管，他是設計師中的高手，也是頂尖的創意總監，隨便瞄一眼版面，就能告訴你圖示的間距差了兩個像素。他的團隊永遠知道總監如何看他們的設計。然而，他的團隊在主管評估報告上寫道：「我想了解我的主管如何看待我的進步情形」或「我想談我的職涯目標，我想知道如何才能達成目標」，他的團隊成員希望多獲得針對他們**個人**的意見，不要只有工作產出方面的回饋。

如果你感到自己給回饋的頻率太低，改善方法是每個月挪出一次的1：1時間，完全只談行為回饋與職涯目標。

我的回饋是否被聽進去？

我先前有一個部屬叫艾美（化名），我感覺艾美沒有發揮全部的潛能。團隊裡的其他人設定遠大的目標，也努力達成，艾美則把困難的事都推給別人，手上的案子也做得慢吞吞。她花很多時間吃午餐，還經常在辦公桌上做跟工作無關的私人事務。我知道得認真和艾美談她產出極低的問題。

我花了整整一週做準備，寫下所有我想談的事，還和同事討論，請他們提供建議，並在鏡子前練習。會談時間到了，我走進會議室，清楚傳達我的回饋，走出來時感到如釋重負。

然而幾天後，一名同事說要和我私下談艾美的事。我們獨處後，同事告訴我：「我知道妳沒惡意，但應該讓妳知道，艾美認為妳越權了，妳過度管理她的時間。妳為什麼不准她在上班時間吃午餐或上網？」

我聽了差點沒昏倒。我和艾美談的時候，提到我感覺她缺乏動力，兩個相關的小例子是她的午休時間拖得很長，還在公司做工作以外的事。然而，我真正想講的是她缺乏生產力。如果艾美的表現是頂尖的，這些事根本都不是事。如果反過來，她的工作時數是其他每個人的兩倍，工作成效卻不如他人，我同樣也會關切。

大家如果小時候玩過傳話遊戲，就知道真的會發生這種事：「你想說的話」和「對方聽見的事」，不一定一樣。你可能自認講得很清楚，事實上卻說得太多或太少，或是肢體語言傳達出不同的訊息（舉例來說，我容易講太長，讓人難以抓住我的重點。此外，我和善的態度可能讓人沒感受到事情的嚴重性。）此外，聽的人會出現「確認偏誤」，意思是人比較容易回想起符合自身成見的事。也難怪訊息會在解讀中失真。

擔任主管教練與史丹佛商學院講師的艾德・巴蒂斯塔（Ed Batista）指出，如果有人未能虛心接受回饋，原因通常是當事人把回饋對話視為威脅，陷入腎上腺素帶來的戰或逃直覺。巴蒂斯塔寫道，人在聽到回饋時，「心跳與血壓幾乎都會增加，（帶來）一連串的神經與生理事件，無法妥善處理複雜資訊，做出適當回應。人們會陷入回應威脅的模式，無法吸收與應用你的觀察。」[15]

讓當事人聽見回饋的最佳辦法，就是讓他們感到安全。你要讓他們知道，這麼說是因為關心他們，你希望他們成功。只要顯露出一絲私人的動機（你想證明自己是對的、你其實是在批評他、你心裡不高興或不耐煩），對方就會聽不見你想傳達的訊息。

這就是為什麼正面的回饋十分有效。問任何幼兒園老師或

養過寵物的人就知道，相較於指出錯誤，稱讚做得好的地方，更可能改變行為。告訴當事人「嘿，我認為你那件事做得很好」，將避免引發戒心並強化你希望多多見到的行為。

真的有批評性的回饋要給的時候，那就抱持著好奇心，真誠地了解部屬的觀點。一個簡單方法是直接說出你的觀點，接著問：「你是否也有同感？為什麼有／沒有？」我問出這個問題時，大部分的答案是他們也有同感。這下子當事人聽進了回饋，也思考過，更可能放在心上。如果他們沒有同感，那也沒關係，可以討論為什麼他們不那樣認為，以及如何能帶來更實用的回饋。

在對話的尾聲，如果不確定對方是否聽進你的話，可以做幾件事。首先是口頭上的確認：「好，我們來確認一下我們兩個人達成的共識——今天我們提到哪些重點，接下來的步驟是什麼？」第二，用電子郵件摘要討論過的內容。寫下來，釐清談話重點，留存資料，日後可以回頭參考。

第三招是協助當事人從多個來源、多次聽見相同的訊息，例如你可以把數次的1：1時間都拿來談你的部屬一直未能成長的領域。你感覺當事人沒把你的話聽進去時，蒐集360度的回饋——轉達其他人也這麼看是一種效果強大的做法。我認識的一位主管甚至更進一步，每當他從別人那得到有關於他部屬

的回饋，他永遠會問對方：「你介不介意直接和X分享這個看法？」這位主管認為，如果他不在中間傳話，就能減少訊息失真的情形，當事人更能清楚聽進去，記在心裡。

我的回饋是否帶來正面的行動？

我請喬治簡化他交流的內容時，問題不在於他沒聽進去。喬治聽進去了——他只是不曉得該怎麼做，也因此我的回饋意見沒幫上忙。

如何能確保回饋將帶來行動？記住以下三個訣竅：

1. **你的回饋愈明確愈好**：我告訴喬治：「你的簡報太複雜，大家聽不懂。」我還以為我們兩個人對於「複雜」的定義是一樣的，但其實每個人對事情的定義不同，也因此我的回饋在喬治耳裡聽起來很不具體。他的簡報哪些地方很複雜？究竟是他講的哪些事令人困惑？

舉出明確的例子，分析背後的*原因*，可以讓聽的人更明白你的意思。

• • • •

你在這次的檢討中，一口氣分享了七大目標，大家抓不到你的重點，列出一兩個目標就夠了。整整有七個的時候，很難全部記住，讓人弄不清哪個該優先。

你在結尾的地方，指出接下來我們可以怎麼做，但你給了三個完全不同的方向，不但沒說出你推薦的做法，也沒解釋每一個選項的優缺點，大家會不清楚接下來該採取什麼步驟。

2. **說明成功的樣貌與感受：** 即便你給了明確的回饋，對方也聽進去了，真的懂了，他們依舊很難清楚抓到該朝哪裡努力。幾年前，在設計檢討會上，我的主管克里斯告訴我們，我們提議的註冊表設計讓人感覺「太沉重」。

在場的一位設計師建議，我們可以把表格欄位的框線從藍色改成灰色，間隔再加大一點：「這樣就會感覺比較輕盈，也比較有呼吸的空間。」克里斯想了想，最後告訴大家：「想想迪士尼樂園的排隊動線。」「你排在超長的人龍裡，但因為你一直前進到下一個小房間，你不會覺得排不下去了。我想要的就是那種效果。」我們一聽到這個比喻，立刻清楚知道該如何改善流程——把一個很長的表格，切成數個小表格。

3. **建議接下來的步驟**：如果要協助部屬把你的回饋轉換成行動，最簡單的方式通常是分享你認為下一個步驟是什麼。此時要清楚告知你是在設定期待，也或者只是提供建議。此外，小心不要過頭了——如果你每次都指定接下來該怎麼做，團隊將無法學著自行解決問題。比較軟性的做法是詢問部屬：「你認為下一步應該怎麼做？」接著由他們來主導討論。

● ● ● ●

你可以把這份報告再修一次嗎？加進我們今天討論的部分，我把下一次的討論設在星期四？

你下一次做簡報時，可以考慮運用「三的法則」——不要超過三個目標、三個部分、每張投影片上盡量不要超過三點。

從我們剛才的討論來看，你下一步該做什麼？

給批評性的
回饋或宣布壞消息

　　有時你不得不告訴部屬令他們沮喪的事。這種回饋要好好處理，**方法**非常重要。同一件事，可以用十幾種不同的方式傳達——你的用語、你的語氣、你的肢體語言都會帶來影響。想一想以下的例子：

1. 你豬頭啊，現在是要怎麼辦？
2. 你做出來的東西亂七八糟。你說，你打算如何收拾這個爛攤子？
3. 我很關切你近日的工作品質，我們能談一談嗎？
4. 你最近幾次交上來的東西不夠完整，沒達到目標，我們來談一談為什麼會那樣？現在該如何處理？
5. 你最近的設計我有幾個問題想問——你有沒有時間幫我解釋一下？

　　靠常識就知道，千萬別用第一種方式說話。罵別人是豬頭，不會帶來什麼有建設性的結果。針對個人的指責或指控

（「你這次的行動欠缺考量」VS.「你這個人就是粗心大意」）會讓對方立刻心生防衛。你會突然變成一個威脅，他們為了要保護自己，不太可能好好坐下來聽你接下來要說的話。

第二種說話方式沒針對個人，但「亂七八糟」依舊是很強烈的字眼，感覺像是單方的指責：你擔任法官的角色，解決問題的重擔全落在部屬身上。

任何理智的人，絕不會用第一或第二種方法說話，但這種事的確會發生。我們會不高興，情緒化。某個人說了些什麼，踩到我們的地雷，我們一下子勃然大怒，張口就罵人。最好的預防措施是什麼？生氣的時候不要說話。盛怒之下說出來的話會讓人後悔。信任的橋樑可能要好幾個月或好幾年才搭建得起來，但燒毀只是一瞬間的事。所以說，你開始頭冒青筋時，深呼吸，告知「我們晚一點再談這件事」，接著離開現場。

第五種說話方式（**你最近的設計我有幾個問題想問——你有沒有時間幫我解釋一下？**）感覺像是還不錯的開場白（我有許多批評性的回饋時間都是這樣展開），不過這是心中感到害怕的管理者會選的方法。你害怕部屬不高興，不確定自己的意見百分之百正確，所以把自己關切的事包裝成「問題」。帶著好奇的心態給回饋很好（**你真實的想法是什麼？**），但不要過頭了。明明在擔心，卻假裝是在問問題，這樣的副作用反

而會令人感到不真誠。最糟的結果，則是部屬沒發現你真的很關切那件事，也就是說什麼事都不會改變。

給批評的最佳方式就是有話直說，就事論事。清楚說出你認為問題出在哪、你為什麼那樣認為、你希望如何一起努力解決問題。第三種說法（我關切你近日的工作品質。我們能談一談嗎？）與第四種（你最近幾次交上來的東西不夠完整，沒達到目標，我們來談一談為什麼會那樣，現在該如何處理。）都能達到效果，不過第四種更好一點，以比較明確的方式說出你關切的事。

需要範本的話，可以試試這樣說：

當我（聽見／看見／考慮）你的（行動／行為／產出），我感到關切，因為……
我希望了解你的觀點，談一談我們如何能解決這件事。

開場白不要過長。盡量不要用好聽的話包裝壞消息，不必試著「放軟你的話」。我剛當主管的時候，我讀到的建議說，最好的批評方法就是採取「三明治評論法」（compliment sandwich），也就是先講正面的觀察，接著塞進你建議的改善事項，最後再拍拍肩膀鼓勵，就好像唯一能吞下蔬菜不吐出來

的方法，就是用一團棉花糖包起來。

　　但我覺得這個方法不太有效——拋出幾句膚淺的讚美，讓不好聽的話不那麼刺耳，這種做法令人感到不誠懇。此外，你真正希望對方留意的事，有可能被掩蓋，例如你認為以下哪一種說法，比較能讓人收起手機？

1. 嘿，上一場會議中，你提到跟預算有關的事，做得太好了。對了，下一次試著不要一直用手機，因為會讓人分心，不過你帶我們看的那些接下來的步驟，真是講得太好了！
2. 嘿，我注意到你開會時滑手機，那會造成干擾，讓人感到這場會議不重要，不值得專心。以後不要再用了，好嗎？

　　如果你要告知與某個決定有關的壞消息，例如：某個人人搶的職位，你挑中的是另一個人；你要把對方調離某某專案；你的團隊再也沒有適合這個人擔任的職位等等，你們兩個人都坐下後，這個決定應該是你說出口的第一件事。

　　我已經決定由別人來帶領這次的計畫……

承認這是你做的決定，拿出堅定的態度，這件事沒得商量。我自己多次未能做到這一點，因為我不喜歡告知壞消息，我過去會試著把我的決定當成雙方一起做出的結論，例如我這樣說：「我想討論要由誰來領導Z計畫。我擔心你沒時間做，你已經有很多X計畫和Y計畫的事要做，所以我認為最好由別人來領導Z計畫，你覺得呢？」

　　問題出在不管部屬如何說服我，我其實還是不會改變心意，假裝部屬可以參與決策的做法，令人感到虛情假意。萬一對方回答：「其實我有時間做。」那該怎麼辦？或是如果他提出大量的其他理由，說明自己是最佳人選，那又該怎麼辦？我只能當下胡亂想出其他拒絕的藉口，造成部屬覺得我沒好好聽他說話。

　　靠共識管理感覺上是好主意，因為你不會讓任何人不高興，但我想不出有哪個重要領袖從來不必冒險做有人不同意的事。你尊重大家有不同的意見，但事情已經定了。「我知道你可能不認同我的決定，但我要請你合作，一起前進。」

　　關於給回饋這件事，我學到一個最基本的原則，即便是最難給的回饋也一樣──人們不是嬌弱的花朵。從來沒有部屬告訴我：「請呵護我。」他們只會說：「我想要進步，請給我回饋。」

有誰不想讓自己進步？明講其實也是一種尊重。

金・史考特（Kim Scott）指出：「告訴別人他們搞砸了實在有夠難。」[16]史考特曾經擔任Google主管，著有《徹底坦率》（*Radical Candor*）一書，他寫道：「你不想傷害任何人的情感，你不是虐待狂，你不希望當事人或團隊裡的其他人認為你是個混蛋。再說了，從牙牙學語開始，大人就教你：『如果沒好話可說，那就什麼都不要說。』突然間，你的**工作**卻變成要當壞人，被迫違反這輩子接受過的教養。」

我自己也依舊還在努力掌握回饋的藝術。每段人際關係都不同，也因此適合A的回饋頻率、風格與類型，不一定適合其他人。事情難免出錯，不過當你掌握恰當的回饋方式，協助部屬成長，那是全世界最美好的感受。

不論發生什麼事，團隊成員培養出的技能，將跟著他們一輩子。Facebook園區的各角落都貼著一句名言的海報：「回饋是一種禮物（Feedback is a gift.）。」回饋需要花時間、花心力分享，但一旦收到回饋，我們將成為更好的人，也因此要以大方的精神給予他人回饋。

Chapter **5**

管理自己

避免這麼做

盡量這麼做

我生完第一胎後，休了三個月的育嬰假才回到公司。我預先知道新手爸媽回到工作崗位的過渡期將手忙腳亂，但沒料到是「凜冬將至」級別的那種難。回公司的頭幾個星期，我感覺任何小事都能把我打倒，腦子糊成一團，有如四年級小學生做的火山爆發作業，腦漿呈黏稠狀，流動速度緩慢。我在家裡的時候想著工作，在工作的時候想著家裡，沒辦法專心，壓力如山大，疲憊不堪。

　　我堅信自己變得多愁善感，能力變差，問上司克里斯能不能找一位主管教練來指導我，而因此認識史黛西・馬卡席（Stacy McCarthy）。

　　我和史黛西彼此自我介紹後，我脫口而出的第一句話，就是我需要挽救**每一件事**。我愈講愈激動，聲音愈拉愈高。我列出我碰上的每一個亂子，像是有的領域人力極度不足、員工想要更換職務、我不認同的產品策略等等。我以為史黛西會協助我梳理每一道難題，化繁為簡，整理成可以靠目標重新編織的鬆軟毛線球。

　　然而，史黛西只是鎮定地聽我說，等我傾訴完畢後告訴我：「那些議題我們之後全部都會處理，但我們何不先跳脫一下，告訴我有關妳的事。」

　　我傻眼。談有關我的事？我有好多火要救，談我的事是能

做什麼？

然而史黛西很堅持。她問起我的成長歷程，我是如何變成今天的我。我們還談了未來，**好久、好久**以後的未來 —— 她要我想像自己80歲，坐在海灘上回顧自己的一生。我想記住什麼？接著她徵求我的同意，她想訪問平日與我密切合作的同事。

我說好。兩星期後，我們再次見面。史黛西拿出一份報告，整整20頁的內容**都在談我**，沒談到我現在手上的問題。那疊紙問得更深入，問我的工作方式 —— 大家認為我的優缺點是什麼？我在哪些方面讓身邊的人印象深刻／不舒服？我的管理風格是什麼？

我還記得史黛西遞給我的那疊紙，感覺沉甸甸的，整整齊齊收在牛皮紙文件夾裡。我把那疊文件放進背包，不願意面對，等到半夜寶寶睡了，我獨自一人待在昏暗的燈光下，準備好面對事實，深吸一口氣，打開第一頁。

在那個當下，我感到天旋地轉，恍恍惚惚，努力讀進報告上的字。我感覺自己是標本，被剖開檢視。不論我如何努力告訴自己，一切只是我在胡思亂想，事實就是多數人不是好演員，人們其實「知道」，而且把你不願承認的缺點看在眼裡，例如我的焦慮帶來糊裡糊塗的決策。然而，人們也比想像中和善，我還記得當時讀到眼眶泛淚，大家說我其實某些方面是最

棒的，但我總覺得自己不夠好。

現在回想起來，那份20頁的報告是我的職涯中最美好的禮物，協助我調整內在的羅盤。我發現自己恐懼過頭——**根本**沒人覺得我變得愛哭又無能。此外，他們也點出我不夠留意的地方，例如未能替自己與他人設定清楚的期待。我一旦知道自己目前在哪裡，就有辦法開始前進。

成為一名好的管理者是一場高度個人的旅程。不了解自己，就無法知道如何能以最好的方式協助團隊。那就是史黛西試圖告訴我的事。不論你面對什麼阻礙，你需要做的第一件事，就是深入認識**你自己**——你的長處、你的價值觀、你的舒適圈、你的盲點、你的偏見。當你充分了解自己時，就知道真北*在哪裡了。

每個人偶爾都會
感到自己是冒牌者

我在大三時，第一次聽到「冒牌者症候群」（imposter

---

* 真北：是導航上提到北極與領航員相對的位置名詞，在多數實用目的場合中，北極星就是真北的位置。此比喻為找到自己的方向。

syndrome）這個詞彙。一名研究性別差異的教授，站在人山人海的大講堂前，舉出一個又一個令我起雞皮疙瘩的例子。沒錯！這完全就是在講我！我覺得這是一間名校，自己沒資格和那麼多的傑出學生，一起待在這個講堂。一定是搞錯了，或是僥倖，也或者是上天保佑，我才能進這所學校。學校什麼時候會發現，我成績好只是因為很會背書，不是真的頭腦好？

我剛接下管理職時，無數次冒出這樣的感受：**瑞貝卡讓我當主管是天大的錯誤──我根本不曉得自己在做什麼**。每當我笨拙地與他人互動，或是做決定時左右為難，我內心的聲音就會那樣告訴我。

然而，這些年來，我得知一個值得在這裡告訴大家的祕密：**每一位**主管偶爾都會感到自己是冒牌者。每一位主管都曾是新手主管，曾經不太會面試與做一對一訪談，講起話來會結巴。大家真的都一樣，也因此與其假裝自己是毫不費力的鴨子划水，不如坦承自己水底下的蹼其實是亂打一通。

冒牌者症候群讓你感到全場都是你景仰的人，你是唯一找不到任何有價值的話可以分享的人。冒牌者症候群讓你在按下電子郵件的「寄送鍵」時，第二遍、第三遍、第四遍再度檢查一次內容，以免被人抓到任何錯誤，發現你就是個冒牌貨。冒

牌者症候群讓你搖搖晃晃站在陡峭的懸崖邊，腳步不穩，雙臂亂晃，全世界都在看你，等著你摔下去。

記住一件事：這種感受完全正常。哈佛商學院教授琳達·希爾（Linda Hill）多年研究管理職的過渡期：「去問任何新手管理者剛當上主管的時期——甚至是請任何資深主管回想剛當上管理者的感受也一樣，如果他們誠實以對，你會聽見手忙腳亂的故事，甚至像是無頭蒼蠅。新職務讓一切感覺都亂了套，責任太大，不論是誰都扛不起來。」[17]

為什麼管理者尤其深受冒牌者症候群之苦？有兩個原因。第一，人們經常仰仗你提供答案。部屬說出私底下碰到的困難，請我提供建議。有人請我放行公司以前從來沒人做過的事，例如為了某個斥資數十萬美元的新方案。我也碰過人們情緒激動地質問無數決定，其實那些決定根本不是我做的，但我依舊得解釋。

航程顛簸時，人們通常第一個轉頭看著管理者，也因此你常會感到壓力龐大，你得知道該做些什麼、說些什麼。如果你不知道答案，你自然會想：我適合做這份工作嗎？

第二個原因是你得不斷做從前沒做過的事，例如你不得不開除某個人，要如何替這種任務預做準備？這不像畫畫或寫作，晚上和週末多畫一點，寫下短篇故事，就能改善相關技

能。你無法彈個響指:「這個月我要來練習開除很多人。」必須實際**真正做過**,才能獲得需要的經驗。

管理不是一種天生的能力。天底下沒有「全能的優秀管理者」,可以毫不費力在不同的領導角色中轉換。每一種情境都得搭配不同的做法。

舉例來說,我自認現在是有經驗的管理者了,但如果要我領導三倍大的團隊,或是跳到銷售等我不熟悉的領域,我大概無法立刻有很好的產出。我需要找出在那個環境下自己需要成長的領域,例如如何和一群人數多出許多倍的團體有效溝通,或是如何設定合適的銷售目標——接著花時間磨練相關技能。

不論你的冒牌者症候群有多常冒出來,你不必被牽著鼻子走。接下來的章節要來看如何處理必然會冒出的自我質疑與不安。

完完全全對自己誠實

我先向各位透露幾件關於我的事:我在小團體裡比在大團體裡自在。我非常在意要弄懂第一原理,擅長靠文字表達,不太會說話。我需要獨處的思考時間,吸收新得知的事,才有辦

法得出一套看法。我傾向於長期思考，也就是說有時我會做出不切實際的短期決定。此外，不論發生什麼事，學習與成長最能帶給我滿足感。

這些事為什麼重要？因為這些優缺點直接影響了我的管理方式。

有的同事擁有完全不同的超能力。合作最密切的同仁中，A有辦法把超級複雜的主題，簡化成好記的原則，一針見血指出真正重要的事。B英勇非凡，我覺得他上輩子一定是五星級上將。C有過人的管理能力，有辦法一次推動20件事。然而，這些出類拔萃的人才告訴我，我也具備他們欽佩的特質。

我們性格中的多種面向，就像一道菜的食譜上列出的食材。如果你看見冰箱裡有花椰菜、蛋、雞肉，你有辦法煮出美味的晚餐嗎？沒問題。或者你有馬鈴薯、牛肉和菠菜呢？當然可以。關鍵在於找出如何能讓你擁有的東西發揮最大的功效。

全球的頂尖領袖各有不同的特質──有的外向（英國首相邱吉爾），有的內向（美國總統林肯）；有的強勢（英國首相柴契爾夫人），有的讓你想起你最喜愛的親人（德蕾莎修女）；有的提出令全場屏息的願景（南非總統曼德拉），有的則迴避鎂光燈（微軟創始人比爾・蓋茲）。

了解你的領導方式的第一件事，就是了解自己的長處──

你有天分、喜歡做的事。找出長處很重要，因為優秀的管理通常靠的是發揮長處，而不是改善缺點。找出自身優點的方式，可以參考雷斯（Tom Rath）的《優勢探測器》（*StrengthsFinder 2.0*）或巴金漢的《在每個位子上發光》（*Stand Out*）。如果想快速找出答案，問自己以下幾個問題，寫下心中想到的第一件事：

◎ 最懂我、最喜歡我的人（親友、另一半）會如何用三個
　 詞彙描述我？

　 我的答案：細心、熱情、努力。

◎ 我最引以為傲的三種特質是什麼？

　 我的答案：好奇心、反省能力、樂觀。

◎ 回顧我的成功事跡時，我的哪些個人特質是功臣？

　 我的答案：願景、毅力、謙虛。

◎ 主管或同仁最常誇獎我的三件事是什麼？

　 我的答案：有原則、學習速度快、有遠見。

　　你的答案可能和我的一樣，圍繞著幾個相同的主題。從前述的答案看得出來，我的優點包括有遠大的夢想、學得快、樂觀向上。不論你的優點是什麼，記住它們，重視它們，你將一次又一次運用它們。

誠實了解自己的第二步，就是找出你的弱點與地雷。在你的個人優點清單正下方，回答以下問題：

◎ 我內心最嚴厲的批評者出聲時，她朝著我吼些什麼？

我的答案：你分心了、太在意別人的想法、沒說出心聲。

◎ 如果神奇仙子降臨，賜予三種我缺乏的能力，那會是什麼？

我的答案：無窮的信心、清楚的思考、強大的說服力。

◎ 我有哪三個地雷？（使我過度激動的情境。）

我的答案：感到不公平、覺得有人認為我能力不足、碰上自視甚高的人。

◎ 主管或同仁最常說我可以做得更好的三件事？

我的答案：更直接、冒更多險、簡單解釋事情。

同樣的，你可能再度看到某些相同的主題。像是阻撓我的最大障礙是我懷疑自己、讓事情過度複雜、溝通方式不夠清楚直接。

好了，現在清單列好了，接下來是「校準」，也就是確認我們對自己的看法符合現實。這個步驟知易行難，因為我們看待自己的方法隨時在變。有的時候，我們很難愛自己。

我們犯下錯誤，心中有一個聲音大聲責罵自己沒用。有的時候，我們又覺得自己是天底下最厲害的人（這方面甚至有一個認知偏誤的專有名詞，描述這種自我感覺良好的人：達克效應〔Dunning-Kruger effect〕[18]）。

「校準」很重要，因為如果我覺得自己是這樣，但全世界都認為我其實是那樣，不是好事。舉例來說，如果我自認是精彩的講者，但每一個人都認為我講話很乏味，我可能做出糟糕的決定，例如親自介紹某個大膽的新點子，而不是請講話更有說服力的同仁出馬。更糟的是大家會開始不把我講的話當一回事，因為他們認定我活在自己的世界。

了解自己、校準優缺點的方法，就是面對事實，請其他人用沒有美化的方式，說出我們究竟是什麼樣的人。目的不是獲得讚美，而是讓同仁能安心說出實情，誠實以對，就算殘酷也得講。如此一來，我們才能獲得最精確的資訊。你如何替部屬蒐集回饋，就如何替自己收集回饋，可以透過以下幾種方法認識自己：

◎ 藉由以下兩個問題，請上司協助你校準自己：

您認為我有哪些機會多做一點擅長的事？您認為我無法發揮最大的影響力，最大的兩個理由是什麼？

假設有一個完美的人來扮演我的角色，那個人具備哪些技能？如果用一到五來評分，您認為和那個完美的人比起來，我每一種技能得幾分？

◎ 找三到七個工作上與你密切合作的人，詢問他們是否願意分享一些回饋，協助你進步。即便你的公司原本就會做360度的回饋，記得要明確告知你想知道哪些事，還要保證你真的想聽見誠實的答案，不在尋求安慰，例如以下這個例子：

嘿，我重視你的意見，我想當一個更能替團隊出力的人。你願意回答以下的問題嗎？有什麼說什麼，那會讓我獲得最大的幫助——我保證不論你怎麼回答，我都不會不高興。回饋是一種禮物，很感謝你花時間幫我。

範例：明確說出你想得到哪方面的回饋。

我們上次一起做專案的時候，你認為我在哪些方面具備影響力？你認為我可以做哪些事增加影響力？

我和團隊一起合作時，你認為我哪些地方做得好，你希望我多做一點？哪些事則不該再做？

我正在努力增加決斷力。你認為我可以怎麼做？能否提供建議，說出我如何能在這方面做得更好？

◎ 請他人提供特定任務的回饋，校準你的特定技能。舉例來說，如果你不確定自己在眾人面前講話的能力好不好，你做完簡報後，請幾個人提供意見：「我希望改善自己的說話技巧。你認為我的簡報哪些部分很好？怎麼做會好上加好？」

這裡先暫停一下。我承認，請人提供回饋不容易。以上的建議各位可能讀是讀完了，但想到要去做，還是會畏縮。

我花了好幾年時間，才終於能坦然請其他人提供回饋（除了不得不做的正式檢討）。為什麼？因為冒牌者症候群依然在作祟。我永遠在擔心自己不夠好，逃避做可能會證實我真的不夠好的事。我想像我尊敬的人會告訴我，沒錯，你的 X 或 Y 做得不是很好。他們發現我是冒牌貨！也因此我把嘴巴閉得緊緊的，硬著頭皮前進，假裝每一件事都很好。

要有一定程度的自信，才有辦法請人批評。我的突破點發生在我明白自己需要改變心態。如果我把每個挑戰都當成自己有沒有價值的測試，我將永遠在擔心自己的價值，沒能把心力放在思考如何進步。這就像是你只擔心考試成績，而不是能否真正吸收課堂上教的概念。

另一方面，如果我面對挑戰時，相信只要肯努力就能進

步，就能打破焦慮地自我評估的惡性循環。不論我某個技能有多強或多弱，總有辦法改善的信念讓我能抱持好奇心而不是焦慮的心態去學習。此外，我獲益良多——要不是因為我請同事提供看法，我永遠不會知道自己給的回饋通常太模糊、沒重點。我聽到這個意見後，就能想辦法說清楚重點，提出有辦法做點什麼的建議。給回饋已經成為我的長處了。

心理學先驅卡蘿·杜維克（Carol Dweck）在《心態致勝》（*Mindset*）一書中，[19] 提出「定型」（fixed）與「成長」（growth）兩種心態如何深深影響我們的表現與個人幸福。比較一下兩者的差別：

情境：完成工作後，主管給了你幾點可以更進步的建議。

定型心態：哎呀，我真的搞砸了。主管一定覺得我是笨蛋。

成長心態：感謝主管提供那些訣竅，這下子我以後所有的工作都能做得更好。

. . . .

情境：新專案風險高，具備挑戰性。主管問這次要不要由你來帶領專案。

定型心態：還是拒絕比較好。我不想要失敗，給自己丟臉。

成長心態：這是踏出舒適圈的絕佳機會，我可以學到新東西，累積經驗，以後可以領導更大型的專案。

••••

情境：你和部屬愛麗絲剛才進行了緊繃的一對一對談。

定型心態：我應該表現出一切都很順利的樣子，讓人感覺我知道自己在做什麼。

成長心態：我應該請教愛麗絲對於此次對話的感受，找出我們如何能在未來進行更有效的對話。

••••

情境：你正在準備某個提案，約翰希望檢視你的進度。

定型心態：我現在還不想讓約翰看任何東西，因為提案還只有粗略的樣子，他會覺得我做得不好。

成長心態：約翰的回饋會帶來很大的幫助。我甚至應該和更多人分享初期的想法，事先避開可能發生的問題。

你所抱持的觀點將改變每一件事。若是抱持定型心態，恐懼將掌控著你的行動——害怕失敗、害怕被批評、害怕被人發現是冒牌貨。如果抱持成長心態，你將有動力找出事實，尋求回饋，因為你知道那是抵達目的地最快的道路。

了解自己
表現最好與最糟的情境

除了優缺點，了解自己的下一步是找出哪些環境能協助你拿出最佳表現，哪些情境則會引發負面反應。找出答案後，就能依據自身的需求打造日常環境。

這些年來，我發現以下幾件事能幫助我拿出最佳表現：

◎ 前一天晚上至少睡滿八小時。

◎ 一大早做事就充滿生產力的話，我就會有動力一鼓作氣保持下去。

◎ 著手進行前，已經先知道想要的結果。

◎ 我信任合作對象，大家擁有同志情誼。

◎ 進行重大討論或做出重大決定前，我有機會獨自（透過寫下東西）處理資訊。

◎ 我感到自己正在學習與成長。

我發現前述幾件事之後，就有辦法改變習慣，讓自己更可能處於理想情境。以下略舉幾例：

◎ 我設定晚上10:00、10:15、10:30「準備上床睡覺」的鬧鐘，自己就能準時在晚上11:00整讓頭碰到枕頭。

◎ 醒來後立刻運動10～15分鐘。時間雖然不長，也將帶來成就感，替一天剩下的時間定調。

◎ 在行事曆放進半小時的「每日功課」，研究當天要做什麼，在腦中想像我希望每一場會議、每一項工作將如何進行。

◎ 努力和同事交朋友，了解他們工作以外的生活。

◎ 在日曆中放進「思考時間」，思考大問題，寫下看法。

◎ 每年回顧過去的六個月，共兩次，想一想自己哪些地方進步了，替接下來的六個月設定新的學習目標。

這些小小的習慣讓我更有主控感。雖然不是有了那些習

慣，就一定會萬事大吉——即便有充足的睡眠和運動，有的日子依舊令我感到精疲力竭。會議和工作不一定會按照我想的那樣進行。有時好幾天（或好幾週）過去了，但我的「思考時間」沒什麼進展。然而，相關步驟小雖小，依舊讓我拿出更好的工作表現，更能深思熟慮。

其他人則偏好完全不同的別套方法，讓自己更能好好做事。我一個朋友是晨型人——每天早上五點起床，一天中的頭幾個小時是她最具生產力的時刻。她會趁那段時間解決最困難的問題，把不那麼累人的工作放到下午再做。另一個朋友安排行事曆時，集中類似的事，盡量讓自己不必轉換情境。把所有要開會和談事情的時間接在一起，就能有一段長時間可以好好溝通，不會被前後時段要做的事打擾。

如果不確定自己的理想環境是什麼，問問以下問題：

◎ 我人生中感到最有活力與生產力的六個月是什麼時候？當時是什麼給了我活力？

◎ 過去一個月，哪些時刻是精彩時刻？是什麼樣的情境帶來了高潮？有辦法重塑那樣的情境嗎？

◎ 過去一星期，我何時處於深度專注的狀態？我是如何辦到的？

雙管齊下的方法是了解哪些情境帶來相反的效果——帶來極度負面的反應，拖累你的效率。地雷和一般負面反應的不同之處，在於地雷會特別令**你跳腳**。舉例來說，如果很有潛力的應徵者最後沒選你的公司，或是明星員工遞上辭職信，任何管理者都會感到失望。更值得問的問題是：哪些事會讓你極度不舒服，但別人不一定有感覺？在那樣的時刻，別人最可能認為你莫名其妙。

　　舉例來說，我的地雷是「不公平」。如果某件事感覺不公平，我就會血壓上升，心臟狂跳。就算我其實不清楚整件事的前因後果，我也會小題大做，固執地和他人爭論。不用想也知道，這不會帶來具建設性的討論。

　　知道自己有哪些地雷後，就能及時制止自己在情急之下做出反應。我只要讓自己冷靜一下，就算僅是中場休息五分鐘，也能再度心平氣和。

　　不論是讓別人知道你的地雷，或是了解別人的地雷，都有好處。每個人天生的性格不同，同事可能沒注意到他們的行為影響到你，你也可能在無意之間冒犯他人。

　　我曾經有一位同事，每次開高層的檢討會，他都會代替全組發言，連跟他的專長無關的領域也一手包辦。每次他一開

口，我心中就會燃起熊熊的正義火焰，心想：**這個人真愛出鋒頭，明明不是他的專長，卻不讓團隊裡真正的專家露臉。** 我私下提醒他這件事，他一臉驚訝，但謝謝我告訴他。他從來沒想過，自己看起來像在搶別人的功勞，還以為自己是在幫忙讓檢討會開得更有效率。從此之後，每當他有機會，他會讓鎂光燈照在別人身上。

有些人的地雷是受不了傲慢自大或自私自利的人。有的人會因為小細節不完美而動怒。你有可能討厭別人大言不慚，或是生氣團隊成員好幾天後才回你訊息。

地雷會妨礙你和其他人成長 —— 你可以努力控制自己的反應。然而，讓別人聽見你的回饋，也能讓其他人受益。

找出地雷的方法是問自己以下的問題：

◎ 上一次發生這種事是什麼時候？有人說了一些話讓我大怒，但身旁的人反應沒那麼大？為什麼我的感受會那麼強烈？

◎ 我最好的朋友說我對什麼事反應特別大？

◎ 我碰到誰會立刻警戒起來？為什麼特別留意那些人？

◎ 有什麼例子是我會過度反應，事後後悔？為什麼我當時那麼激動？

知道是哪些事令自己情緒激動或沮喪，將是十分寶貴的資訊。道理如同運動員會規劃飲食與鍛鍊時間，好讓自己在巔峰狀態下參賽。你也一樣，想辦法讓自己處於最佳狀態，工作時擊出全壘打的日子將會更多。

陷入谷底時找回自信

管理之路難免碰上高低潮，不過有時候，當冒牌者症候群嚴重發作，你會感到自己陷在深深的谷底。我認識的每一位管理者都很熟悉那個地方，內心斥責自己的聲音在陡峭的山谷間迴盪，竊竊私語放大成尖叫聲。

你在谷底感到很寂寞，疑慮是你的配樂，恐懼是你的糧食。你質疑自己的每一個決定，雙手胡亂動個不停，想要抓住救命的繩索。你乞求神明快點讓你恢復信心──再度曉得要往哪走，明白該怎麼做，但怎麼樣就是找不到出路。

有一次，我和新同事一起做一個重要的計畫，那次我陷入谷底。從一開始，我們兩個人就為了產品策略爭論不休，兩個人都堅信自己才是對的，每一個決定感覺都像是一股大浪打在

脆弱的沙堡上,沖毀我們兩個人的工作關係。我還記得我們為了很小的產品細節,來來回回寫很長的電子郵件,閱讀那些信有如身處不信任的暗流,彼此相互指控:「你沒在聽」、「你不知道自己在說什麼」、「由我來決定,而不是你」。

我心情很糟。我知道我們需要改善關係,但是要怎麼做?我錯了嗎?或許我真的不知道自己在說什麼。

現在再回顧當時的情形,我知道問題出在我過分懷疑自己。那次糟糕的合作讓我學到很多,也讓我摸索出一套逃離谷底的方法。萬一你也陷在谷底,不妨參考以下幾個可以管理心理狀態的訣竅。

不要怪自己心情低落

深陷谷底時,最糟糕的就是自己雪上加霜。你已經為了某件事在煩心,還要擔心自己在煩心。你內心批評的聲音哀嚎:**這件事怎麼會這麼難?為什麼我做不到?如果我聰明一點、勇敢一點、能幹一點,就不會搞成這樣。**對自己的感受抱持罪惡感,是在給自己製造更多壓力。

別忘了,世上每一個人都有碰上低潮的時刻,你要允許自己擔心。不要已經很煩了,還要怪自己不完美。我發現有兩個

小方法可以停止鞭打自己：第一種方法是想出你欽佩的公眾人物，那種看似擁有完美生活的人，接著在網上查「（你仰慕的人士的名字）碰過的困境」。網路上永遠都查得到相關故事，正好可以提醒我們，每一個人總有碰上低谷的時刻。

　　第二種方法是承認心情不好。我會拿出便利貼，寫上「我因為Ｘ這件事壓力超大」。那個小動作就能轉換我的心態，從擔心自己在煩心，變成把它講出來。講出來之後，就能開始解決根本原因。

跟著我說：
「我腦中的那個聲音不夠理性」

　　還記得人全都有偏見嗎？我們會有偏見的部分原因，在於大腦天生就會走捷徑，協助我們用更快的速度得出結論。那就是為什麼我們人會有刻板印象。如果你看到一個人戴著厚厚的眼鏡，抱著一疊課本走過，你會認為這是一個數學很好的人，即便你根本沒有明確的證據。

　　我們看事情的方法也一樣。我們會在得知幾件事之後，就試圖拼湊出完整的故事，但手中其實並未握有全部的實情。我們深陷谷底時，通常會朝最壞的方向去想。

舉個例子來講，假設你有冒牌者症候群，你發現有一個會議沒叫你去開，你可能因此推論：**我沒受邀，是因為組員認為我不重要，不必叫我。**

這個例子實在是太常見了。過去幾年，至少有十幾個人因為擔心這件事跑來找我。我會告訴他們：「我們來找出究竟是怎麼一回事。」接著找到會議主辦人，問他們：「嘿，為什麼X沒受邀開這場會？」我最常聽見的前三名答案包括：

1. 我不想浪費X的時間，讓他覺得有義務參加。
2. 我不知道X對這次的會議主題感興趣。
3. 真的只是不小心漏掉了。

只有一次，我得到的答案還真的是「我們不認為邀請X是好事。」（對方的說法是「X容易堅持己見，我們擔心要是找他來，對話的方向會偏掉。」）

只拼湊幾個證據就告訴自己的故事，經常錯到離譜，尤其是我們深陷谷底的時候。十次有九次，根本沒有人想要對付你。同事從不認為你是白癡，還有，沒錯，你配得上這份工作。

腦中滿是負面想法時，退一步質疑自己的解釋是否正確。還有沒有你沒想到的別種觀點？你可以做什麼找出真相？

有的時候，只需要挺直身體問：「為什麼我沒受邀參加這場會議？」就會得到答案，不必胡思亂想。就算你害怕聽見答案，面對現實永遠勝過在心中想像各種恐怖的情境。

閉上眼睛想像

大腦影像研究顯示，我們想像自己做某件事的時候，大腦啟動的區域，和我們**真的**在做那個活動的時候一樣。這個研究結果為什麼重要？因為光是閉上眼睛在腦海中想像，我們就有辦法騙過自己，得到從事某個活動的好處。

澳洲心理學家艾倫・理查森（Alan Richardson）發現，請一組籃球員想像自己每天都練罰球，[20]但沒有實際碰球，他們的表現幾乎和每天練20分鐘罰球的組別一樣好。另一項研究則是比較「每天上健身房的人」和「想像自己健身的人」。[21]每天上健身房的人，肌力增強30％，在腦海裡想像自己健身的人也增加13.5％——幾乎是一半的好處！

傳奇高爾夫球選手傑克・尼克勞斯（Jack Nicklaus）曾經寫道：「我就連只是練習時間也一樣，擊球之前，一定會先在腦海中想像出栩栩如生的圖像，那就像是彩色電影。」[22]

想像除了可以改善結果，還能協助你在谷底時找到自信。

如果卡住了，可以試一試以下的做法：

想著你感受到的焦慮、恐懼、疑惑，其實不是只有你這樣，每個人都一樣。相關例子是雪柔・桑德伯格在《挺身而進》（*Lean In*）中坦承，她極度擔心自己如果下午五點就準時下班，同事會怎麼想。她會趁沒人注意的時候，偷偷摸摸離開大樓。另一個例子是女星瑞絲・薇斯朋（Reese Witherspoon）透露，[23] 她差點拒絕成為替女性發聲的大使，原因是她害怕在一大群人面前演講。這兩位都是極度成功、人人仰慕的模範，卻懷有和我一樣的疑慮，那樣的感受其實是人之常情。

想像你緊張的事大獲全勝？明天有一場重大簡報？想像自己走進會議室，對著聽眾露出笑容。想像你站直了身體，從容不迫發言。有人問了很難的問題，你帶著自信回答，大家聚精會神聽你的答案，不斷點頭。成功想像的關鍵在於腦中的景象要盡量栩栩如生。

回想在過去的某個時間點，你接受一個困難的挑戰，擊出全壘打。以細節歷歷在目的方式，踏進當時整場的經歷。還記得那個挑戰最初有多嚇人嗎？回想一遍你是如何處理那個問題，回到你發現一切都會沒事的那一刻。細細回味最後成功時的感受——你感受到的自豪、你聽見的讚美、你獲得的自信。

想像你喜愛的人都在眼前，他們說出喜歡你哪些地方。想像他們圍成一個圓圈，每個人輪流說出他們對你的愛與仰慕。我喜歡回到親友在我結婚那天的致辭時間，回想起沐浴在他們的愛之中是多麼美好。

　　想像出了谷底後，你的一天是什麼樣子。閉上眼睛，想像行事曆上的每一個小時。專心想著你要的心理狀態，例如：在早上的運動時間活力十足、早餐吃完炒蛋後心滿意足、進辦公室時和善地與大家打招呼、專心開第一場會議等等。

　　想像是一種不需要很多條件就能使用的強大工具——只需要挪出幾分鐘，找個安靜的地方放鬆心情。養成習慣，碰上事情時就增強一下自信。

請你能夠卸下心防的人協助

　　有好多年的時間，身處谷底時，我都會咬牙獨自撐過。有一句話說：「裝久了就會成真。」我以為只要假裝一切都在掌握之中，總有一天我會不再感到像個冒牌貨，沒人會發現的。

　　那種想法真是自討苦吃，其實對著自己信任的人，說出自己在怕什麼，心情就會輕鬆一點，我卻讓自己獨自煎熬，錯過他人能提供的同理心與建議。

承認自己陷入困境，尋求協助，不代表你是個軟弱的人，反而顯示出你有勇氣，也有自知之明，願意放下自尊改善情況。別人了解我們碰上的窘境時，我們會獲得極大的好處。研究顯示，即便是重大的心理疾病，支持團體可以發揮非常大的效果，例如躁鬱症患者加入自助團體後，82％情況獲得改善。[24]

我自己也有這方面的親身經驗——幾年前，我和公司裡的十幾位女性組成「挺身而進團體」（Lean In Circle）。我們每個月聚會兩小時，每個人分享自己正在和什麼搏鬥——人際關係不佳、對職涯感到不確定、苦於無法平衡工作與盡為人父母的責任。大家在聚會時掉淚不是什麼罕見的情形，因為有的挑戰真的很困難，但我永遠忘不了我感受到的溫暖情誼，有大家的支持真的意義重大。只要做得到，我們彼此協助，彼此給建議。愛莫能助時，我們依舊會提供擁抱，當有同情心的好聽眾。

找到你的支持團體，成員有可能是家人、好友、一群你信任的同事。請他們擔任你的啦啦隊和智囊團。沒有人是一座孤島，我們的社群可以照亮道路，協助我們爬出深淵。

小事也要慶祝

人掉進谷底時會一直回想失敗的地方，懷疑自己是否真的

具備成功的條件。打破這種惡性循環的方法，就是告訴自己不同的故事。不要想著：**我哪裡做得不好**？改成想著所有你做得好的地方。

我有一段時間工作特別不順利，告訴同事自己快滅頂了——各項專案都需要有人帶領設計工作，我招人的速度跟不上，每天都面臨龐大壓力，覺得自己是害群之馬。同事提醒我，雖然眼前有很多挑戰，我並沒有每件事都做得不好。事實上，我最近的一篇部落格文章深深引發她的共鳴，她和整個團隊分享了那篇文章。「我們獲益良多，」她說，「謝謝妳寫下那篇文章。」

同事的話深深印在我心上。我發現我開始把我的寫作，以及許許多多肩上的責任，例如檢視設計工作、輔導、營運規劃，全當成例行公式，不再感受到它們的價值。

同事的話給了我啟發，我開始寫「小成功」（*Little Wins*）日誌。每一天，我寫下自己做的值得自豪的事，即便是小事也沒關係。我有時會慶祝自己在一對一會談時，給了對方有用的建議。有時我覺得自己做得真好，開了一場很有效率的會議。有一次，那天諸事不順，沒什麼好寫的，我寫下我快速回覆了幾封電子郵件。

研究顯示，每天晚上寫下五件你感恩的事，長期下來你將變得更快樂。[25]需要建立自信時，記得也要這麼做，想著自己做

得好的地方。

劃清界限，照顧自己

工作壓垮你的時候，生活中的其他每一件事很容易也受影響。某個專案帶來太大的壓力，讓你晚上和週末都在工作，全世界都進入夢鄉了，只剩你還在想著待辦事項。

你要拒絕這種壓力，設下界限，找出時間顧及生活中的其他重要面向——和親朋好友相聚、從事嗜好活動、運動、回饋社區等等。一項又一項的研究顯示，高度的職場壓力會扼殺創意。[26]著有《進步原則》（*The Progress Principle*）的哈佛商學院教授泰瑞莎・艾美博（Teresa Amabile）指出：「人們感到正向樂觀時，更可能發揮創意。」[27]

我在最忙碌的時期，在一天的開頭與結尾，留下與工作無關的15分鐘空檔，看看TED演講、玩iPhone遊戲、做填字遊戲、運動、閱讀。15分鐘不多，但讓我有辦法劃出一條界線：「不論發生什麼事，我永遠留一點時間給自己。」

身體處於巔峰狀態，才有辦法拿出最好的工作表現，所以要好好照顧自己，這方面的努力絕對值得。

努力變得加倍優秀

　　還記得五年前，凌晨三點躺在床上的我，明天有一場重要的演講。我瘋狂想著每一張投影片，心中七上八下。想起自己最喜歡的講者，好想知道他們到底是怎麼辦到的：如果能跟他們一樣，那該有多好。從容不迫走到數百人面前，真心興奮能站在那麼多人的面前，而不是嚇個半死。要演講的前一天晚上**不會失眠**，不必煩惱隔天要遮黑眼圈。

　　時間快轉到今年。一小時後，我即將在一場大會上對著數千人演講。我在後台休息，另一位講者在一旁踱步，坐立難安，手裡拿著提詞卡，背著開場白。他練習到一半停下來，對著我露出虛弱的微笑：「妳看起來好鎮定。」這真是至高無上的讚美，而且他說得沒錯——我一點都不緊張。我前一天晚上好好睡了一覺，而且我**是**真心興奮要上台！

　　這些年發生什麼事？我接受了密集的演講訓練？我變成PowerPoint和Keynote大師？小仙女在我耳邊告訴我神奇的新方法，我不再神經質？

　　真正的答案很無聊：我多加練習，勤能補拙。多年來，每週開會時，我尷尬地站在團隊面前，結結巴巴。我明知道自己前一天晚上會怕得要死，還是自願參加專題討論與演講。我接

受記者採訪，參加Q&A時間、圓桌討論、上電視，每多露面一次，下一次就更上手一點。

管理是一場高度個人的旅程，我們全都處於個人旅程的不同階段。有的人一出發就領先，某些技能勝過他人。我性格內向，面前有一大群人的時候，我通常會呆住或不知所云。我今天依舊不是傑出的演說家，但技巧和自信都出現長足進步。

如何才能進步，主要得看你是什麼樣的人：你必須考量自己的長處與有待成長的領域、你的個性與價值觀。此外，也要看組織的目標與文化——員工只有兩、三個人的檸檬水小攤子需要的東西，將不同於員工數萬人的大型企業。

這是一場個人的修練之旅，也因此多數的學習將發生在工作時間。不論你需要的是改善溝通能力、增進執行能力、培養策略思考，或是更懂得與他人合作，記得要替自己設定遠大的**目標：我如何才能變成兩倍好**？設定好目標後，接著透過以下的做法盡量學習：

請他人提供回饋

前一章全在談提供部屬回饋的重要性，想必這個結論不會令你感到意外：改善自己的祕訣，就是**隨時**請別人提供回饋。

你唯一需要克服的障礙就是你自己——你能否記住要經常請他人提供回饋？你是否夠謙虛，夠有自覺，用開放的心態聆聽他人的意見，接著做出真正的改變？

記得要請人提供特定任務的回饋與行為回饋。說出你想知道的事，愈明確愈好。如果劈頭就問：「嘿，你覺得我的簡報怎麼樣？」大家的回答大概會是「很好啊。」這樣的回饋沒有太大的幫助。你要詢問特定事項，方便大家輕鬆就能告知有辦法採取行動的回饋，例如：「我正努力在簡報的前三分鐘，就清楚傳達重點。我成功了嗎？下次怎麼樣可以講得更清楚？」

別忘了永遠要感謝對方提供回饋。即便你不同意他們的看法，依舊要拿出風度，感謝他們花這個力氣告訴你。如果大家發現講了你聽不進去，以後就會愈來愈少人願意提供建言，你只會害自己無法成長。

把主管當成教練

我們已經在前文談過管理者扮演的角色。理論上，上司會是你最好的學習助力，但不一定如此。你的主管可能不清楚你每日的工作情形，也或者他忙著滅其他火。另一種可能是他並未如你預期的程度，積極引導你的職業生涯。

不論碰上哪種情況，與你的職涯最休戚與共的人不是上司，而是**你自己**。你能不能成長，要看你自己，也因此如果你覺得沒能從主管身上學到東西，那就問問自己可以做些什麼，培養出你渴望的關係。

　　我發現最大的障礙是人們不敢向主管求助。我太清楚那種感覺，有好幾年的時間，我感到主管有如我從前的老師或教授，他們扮演著權威的角色，負責替我的表現打分數，評論我做得好不好，結果就是我和主管的互動方式，可以簡單用一句話做總結：**別搞砸了**。如果由我負責的事，還得請主管出馬，我會覺得自己做錯事，刺眼的霓虹燈招牌不停閃爍著警告：**注意，這是一名無能的員工，無法獨立作業**。

　　然而，現在我們已經知道，管理者的工作是協助團隊端出更好的成果。你表現好，上司也會沾光。你們其實是在同一條船上，他希望你成功，通常也願意花時間與力氣協助你。關鍵在於把主管當成教練，而不是裁判。

　　你能想像這種事嗎？明星運動員試著在教練面前藏起弱點？當私人教練詢問該如何協助你健身，你難道會告訴她：「噢，沒事的，我的體格一切都很好，一切都在我的掌控之中。」當然不會，教練關係不是那樣的。

　　我們不該裝沒事，要請主管提供回饋，詢問：「您認為我

應該加強哪些技能，增進自己的影響力？」分享你的個人目標，請主管協助你：「我想改善我的簡報能力，如果您能幫我留意機會，讓我能夠站在其他人面前，我會感激不盡。」告訴主管你碰上的難題，他才有辦法協助你解決：「兩位來應徵的人各有所長，我無法決定該雇用誰。能不能請您聽聽我的想法，給我一點建議？」

我開始把我和主管的一對一時間當成學習機會後，獲益良多。即便我當下不需要借重主管的智慧處理難題，但詢問沒有標準答案的問題，也能從主管的專業知識中學到新東西，例如：「您是如何決定要參加哪些會議？」或「您用什麼樣的方式找到推薦人選？」

人人都能是我們的導師

沒人規定只能有一個教練。事實上，世界上有很多人都能教我們東西，擔任我們的導師——分享自身專長、協助你進步的人。導師不一定需要正式拜師學藝。雪柔·桑德伯格在《挺身而進》一書中提醒，不要把導師這件事弄得太正式，把人嚇跑了。沒人喜歡被問：「你願不願意當我的導師？」因為聽起來很麻煩，要花很多時間。直接請人提供**明確的**建議就好，很

多人都會願意幫忙。

　　你的同儕團體，那群工作性質和你類似的人，尤其是尋求支援與建議的絕佳對象。我有一群設計師主管朋友，我一、兩個月和他們見一次面。由於我們背負相似的責任，我們有辦法討論市場趨勢，同情彼此碰上的挑戰，交換建議，討論如何接受批評或主持工作坊。

　　我有一位擅長打造團隊文化的朋友，我非常羨慕她的團隊培養出溫暖的合作情誼，彼此互相關心。我想知道她是怎麼辦到的，這些年來請教過她無數的問題——她如何主持會議？她用什麼工具和人數眾多的團隊溝通？她是如何讓各地的遠距辦公室感到不被冷落？她的答案直接影響著我如何帶團隊，例如我每週開放員工提問時間（office-hour），就是她傳授的祕訣。

　　身邊一起工作的同仁，雖然他們的職務和你不一樣，但他們八成都有寶貴的東西可以教你。有可能同仁A擅長招募人才，B擅長推銷點子。或許你的部屬是你認識最有創意的人，你的上司一眼就能看出每個人最厲害的能力。

　　不論對方擁有哪種技能，不要害怕開口詢問：「嘿，你做某某事的方式真是令人印象深刻。我很想向你學習，你願不願意和我喝杯咖啡，分享你的做法？」

　　不要忘了，既然你是在請人幫忙，對方有權拒絕。他們可

能很忙，或是不確定該如何幫忙。就算被拒絕，還是要謝謝對方，不過人們答應的機率遠比想像中高。我們都曾經受益於其他人的指導，也因此很多人願意把這種精神傳承下去。

找時間反省與設定目標

你全速前進時，風景一閃而過，很難把整趟旅程盡收眼底。你是從哪裡出發的？還得走多遠的路？哪些地方很順利，哪些地方則一個不小心就會摔進洞裡？

哈佛商學院的研究顯示，定期反省自己經歷過的事，可以學到更多東西。雖然人們偏好從做中學，但「選擇反省的受試者，表現勝過選擇額外體驗的受試者」。[28]

反省不一定要很沉重，反省是為了自己好，所以要找出最適合你的方法。我個人喜歡在每週的尾聲，在日曆上排出一小時，回想完成了哪些事、滿意／不滿意的地方、下週哪些事可以做得更好。接下來，我會用電子郵件記下一些心得，寄給團隊，這是一種輕鬆就能養成習慣的做法。

我也會設定個人目標，每六個月做更大型的回顧，讓自己有更長的一段時間執行重要計畫，學習新技能。

以下舉幾個我的「一週心得」與「六個月目標」例子：

本週心得：

◎ 我近日聽到的回饋：在 Q&A 時間，聽到很多對於我們設計團隊文化的讚美，太好了。至於還能做得更好的部分，第一名的主題是我們必須釐清對於職涯成長的期待。我學到評估績效與討論升遷的方式，日後必須更由下往上。

◎ 明年的聘雇：在規劃會議上，遠距辦公室成長成為重要主題。我們需要訓練更多面試官，確認事後的檢討方式各辦公室都一致。我期待所有人都能全心投入，一起規劃該怎麼做。

◎ X 專案的策略：我與 Y 團隊替接下來的審核時間，一起準備接下來的提案，短短幾週內就有進展——這次要特別感謝愛蓮娜的貢獻。

◎ 了解研究需求：在我的一對一會面，大家提到我們需要進行更多研究。我現在更知道我們要什麼，我和大衛將在接下來的兩星期分享人員配置計畫。

接下來六個月的目標：

◎ 增加儲備幹部：補滿三名職缺，確保每一項產品都

有人好好帶領。

◎ 所有的產品審查都要逐步採取新方法，從清楚定義
「人」的問題開始，評估起來才有共識。

◎ 成為雇用優秀研究領袖的專家。

◎ 不再利用一對一時間做近況報告：利用那段時間和
部屬深入談話。

◎ 不帶工作回家：努力增加在辦公室的效率。

在每六個月的尾聲，我會拿出先前定好的目標，評估自己
的表現。分數不重要，學到什麼才重要。如果我未能讓每個人
以不同的方式做事，為什麼沒成功？我的做法是否無效？是否
把事情說清楚了？還是說，那些事其實不重要？

如果我成功達成目標，例如成功雇到三名優秀領導者，依
舊可以從中學習。為什麼這次會成功？我未來有辦法完成更大
的目標嗎，比方說雇用五名領袖？如果其他人也要做這件事，
我會給什麼建議？

愈能把經驗（不論是成功或滑鐵盧）轉換成可以幫助自己
和他人的心得與故事，自己一路上成長的速度也會加快。

利用正式訓練的好處

如果有機會接受正式訓練，那就把握機會，例如參加公司研討會、出席產業大會、參與圓桌討論、聆聽專家講座、報名實作工作坊。

參加正式訓練顯然有益處，但我們很少會有那種衝動想加入，或是不覺得真的有那個必要。參加活動要花時間，通常還得花錢，也因此我們會落入典型的猶豫不決：**值得嗎**？尤其是如果活動日期落在忙翻天的那週，還要挪出時間參加兩天的工作坊，這樣做真的好嗎？或是晚上終於可以在家裡放鬆一下，還要去聽課？

參加進修活動通常是值得的。如果接受十小時的訓練，就算只讓你的工作效率增加1%，投資報酬率依舊不錯（省下1%的時間，一年大約可省下20小時）。

我還記得幾年前參加了一場一整天的課程，主題是如何開口談難以啟齒的話。當天的八小時就此改變我處理衝突的方法。我上完課後產生信心，相信自己和任何人都能就任何主題，來一場有建設性的對話。一直到了今天，我依然每星期都會回想起那次的課程學到的事。

另一種正式訓練是專業教練提供的輔導。除非公司提供

這項福利（有的企業會提供給資深層級的員工），不然八成得自掏腰包。許多執行長與高階主管會與專業教練合作，因為高層級的人士，很少有人能當他們的導師。即便是小小的績效進步，也能替組織帶來重大影響。

考慮要不要接受正式訓練時，不要問：**我還有其他好多事要做（或是錢可以花在其他好多地方），值得現在就去做嗎**？你該問的是：**一年後，我會慶幸我接受了訓練嗎**？這樣看事情的話，該做的選擇通常會比較清楚。

你投資個人的學習與成長時，不只是在投資自己的未來，也是投資你未來的團隊。你愈強，就愈有辦法帶人。

. . . .

剛當上主管的人有時會問我：「你當主管十年後，有哪些事你依舊還在學習？」我的回答是「如何能做自己，但也能當最好的領袖。」

管理人員太常以為管理這項職務是為了服務其他事，例如：組織的任務、團隊的目標、他人的需求，很容易忘掉這趟管理旅程中，最重要的人就是**你自己**。

學著當優秀領袖的意思是找出自己的超能力和缺點，學著

動腦解決障礙，得出可以學習的方法。這些管理工具在手後，就會得到自信，確信自己注定要擔任這個職務。你就是你，不需要面具，不需要假裝。不論前頭有什麼樣的挑戰正在等你，你已經準備好迎戰。

Chapter 6

精彩會議

避免這麼做

盡量這麼做

我帶領的團隊人數日漸增加後，我覺得應該召集大家固定開會，每個人分享自己該週的工作情形。我以前看過其他主管召開類似的進度會議或「站立」會議（stand-up meeting），*我以為這是讓大家掌握近況的標準做法。

這個點子理論上聽起來很美好，執行起來不是那麼一回事；我沒料到每個人報告工作進度的方式如此不同，有的人講話簡潔有力，有的人卻拉拉雜雜講一堆，鉅細靡遺，連星期四晚上和工程師在電子郵件上的爭論細節，也全數講出來。幾個月後，我開的進度會議，顯然有如歷史老師用催眠的聲音講著1752年的某場戰役。我看見眾人目光呆滯，還聽見噠噠噠的鍵盤聲，顯然有人認為與其聽發言的人在講什麼，還不如把時間拿來做其他工作。

又開了一次這種情形的會議後，我的電子郵件收件匣躺著一封信，某位團隊成員問我，有沒有考慮過請大家用寄信的方式報告近況就好，不必親自在所有人面前講個沒完。信的最後寫著：「老實講，這種會議感覺上並未好好利用時間。」

太勇敢了，居然告訴你的主管她的會議爛透了，但這個感想一針見血。我取消會議，改成每週寄信報告進度，效果很

---

* stand-up meeting：站著開會，快速交代近況。

好。我深深感受到好好籌備會議的重要性，也感受到給回饋真的很重要，可以改善爛會議。

我經常思考會議該如何開，因為我的工作有很大一部分都在開會。我一天中大部分的時間要和不同人進行一對一討論、小組討論、大型團隊討論，有時聽眾甚至達數百至數千人。

一般人提到開會都沒好話，會議就像是管理的「必要之惡」，或是大人版的家庭作業。似乎沒人能完全擺脫開會，開會被嘲諷為一種浪費時間、官僚主義、無聊透頂的事。我們也的確花大量時間開會。2011年的研究發現，平均而言，執行長60％的時間用在開會，另外還有25％的時間用在交談或參加公開活動。[29]另一項研究分析某間大型公司的一場高層會議，發現光是做準備就整整耗費30萬工時（person-hour）[30]——高到令人咋舌！

俄國文豪托爾斯泰的小說《安娜·卡列尼娜》（*Anna Karenina*）的開場白說道：「幸福的家庭都很類似；不幸的家庭則各有各的不幸。」[31]開會也差不多。回想一下你參加過的煩人會議，例如：討論來討論去也沒個結果的會；你希望釐清事情才去開會，結果開完反而更一頭霧水；在場的人心不在焉；會議內容老調重彈；大家討論時嚴重離題；有一兩個人一直搶著發言，其他人都沒機會講到話等等。

好的會議簡單明瞭，每次開會都帶來相同的感受：

◎ 這場會議尊重我的時間。

◎ 我得知能增加工作效率的新資訊。

◎ 開完後，我更清楚下一步該怎麼做。

◎ 每一個人都專心投入。

◎ 我感到受歡迎。

面對面對談是最理想的溝通方式，也是完成工作的最佳方式。身為管理者的你將參加無數會議，有別人召開的，也有你召開的。請嚴肅看待這項責任，不要延續糟糕的開會文化。你和同事齊聚一堂的時間很寶貴，請拿來做真正有價值的事。

會若是開得好，
能得出哪些結果？

你可能已經聽過前人傳下的忠告：「所有的會議都該設定目的。」這是一個好建議，但還不夠深入，例如我召開的近況

會議，的確有開會目的──讓每個人得知團隊每週的進度。然而，最後的結果卻是一塌糊塗，因為我沒問自己：**我想得出的理想結果是什麼？**

如果我問了，我就會發現，我真正想要的其實是讓團隊成員更貼近彼此，增進合作效率，但如果大家開會時心不在焉，顯然我沒成功達到此目的。

需要大家親自出席的原因，其實只有幾種，也因此召開理想會議的第一步，就是找出你要的結果：

做出決定

開決策會議時，你把不同的意見攤在桌上，請決策者拍板定案。

此時的「開了一個成功的會」，意思是得出明確的決定，**而且**每一個人離開時，對決策流程有信心。你不需要取得共識，但必須讓每一個會被這次的決定影響到的人，都感到決策過程有效率而且公平。

如果人們不信任決策流程，決策將窒礙難行。我過去常掉進這種陷阱，例如以下這個例子：

部屬：目前預定下週二就要完成設計工作，但沒辦

法，因為時間不夠處理我們討論出來的三個選項。能不能把期限延後一週？

我：聽起來很合理，就這樣吧。

看出問題了嗎？我剛剛做了一個決定，但我不知道前因後果，只聽到一個資訊——我的部屬覺得時間不夠讓他完成工作。然而，把期限往後移的結果是什麼？接下來發生這樣的事：

工程經理：嘿，我剛剛聽說你答應把設計期限往後挪，這會有問題，我組裡的七名工程師正在等設計完工。延後的話，我們這邊就沒足夠的時間趕上工程部的期限。能不能改回原本的時間表？

這下子我左右為難。工程團隊不高興，覺得我沒徵詢他們的意見就做決定。他們要我重新做決定。然而，如果我推翻原本的決定，我的部屬會沮喪。我剛剛讓自己信譽大損。現在能做的補救，就是承認決策流程有問題，把所有人都找來重做一次決定。

「等一等，」你說，「這兩方立場不同，不管最後的決定是什麼，一定會有人不開心。」

不一定。團隊裡每一個人最終的目標是一樣的。以這個例子來說，設計師和工程師都想要盡快推出理想體驗。雖然對於走哪條路才是達成目標的最佳方法，每個人看法不同，圓滿合

作的先決條件是大家信任決策者，認為決策過程是公平的。亞馬遜執行長傑夫・貝佐斯（Jeff Bezos）有一句口頭禪，他說有時你必須為了快速前進，「雖不同意，但齊心協力」（disagree and commit）。[32]

良好的決策會議應該做到幾件事：

◎ 做出決定（這點是當然的）。

◎ 除了得到清楚指派、負責下決定的人，最受這次的決定影響的人，也要邀請他們與會。

◎ 客觀呈現所有可行的選項，附上相關的背景資料。如果團隊有建議做法，也要附上。

◎ 給持反對意見的人士公平的發言時間，讓人們感到自己的意見被聽見。

應該想辦法避免的結果包括：

◎ 人們感覺自己這一方的意見沒被好好呈現，也因此不信任最終的決策。

◎ 花很長的時間才做出決定，拖累流程。難以回頭的重要決策，的確應該深思熟慮後再做，但小心不要花太多時

間在隨時可以變通的小決定上。

◎ 決策如果變來變去，人們會不信任，拖著不行動。

◎ 花太多時間取得團體共識，沒快點上報給決策者。

◎ 浪費時間。同一件事，用20種方式反覆討論。

分享資訊

我們全都需要取得相關資訊，才有辦法做好工作，包括了解執行長的願景、最新的銷售數字、各方當事人的看法、某個專案的時間表等等。數十年前，人們分享與取得資訊的主要方法是開會。今日有電子郵件，還可以線上交談，沒必要只為了傳達資訊，就要大家親自出席（這種做法通常比較沒效率）。

不過，如果安排得當，相較於布告欄、發群信、群組文章等管道，目的是提供資訊的會議，依舊有幾個重大好處。第一，會議有更多的互動空間。舉例來說，如果你想讓每一個人知道某個可能引發爭議的政策變動，當面告知能讓大家有機會發問或表達他們的感受。

第二個好處是事前做好準備的資訊型會議，通常這比「白紙黑字」有趣。眼神接觸、肢體語言、看得見的熱情，全都能讓人更明白你想傳遞的訊息。

我們的設計部門今日定期聚會，向大家隆重介紹我們做的重要工作，分享新工具、新流程，討論心得。這個會議不同於我夭折的近況會議，因為背後做了很多準備工作，確保開會的內容精彩有趣。

用途是傳達資訊的會議，如果開得好，能做到幾件事：

◎ 團隊感到自己得知有用的新資訊。

◎ 明確傳達關鍵訊息，讓人記得住。

◎ 抓住聽眾的注意力（有活力的講者、懂得說故事、精準的開會步調、有機會互動）。

◎ 激發預期的情緒——與會者感受到激勵、信任、自豪、勇氣、同理心等等。

提供回饋

回饋會議又稱為「檢討會議」，目的是讓相關人士了解進行中的工作，提供看法。有時會議沒發生什麼事就結束了：「看起來還可以。」其他時候，回饋可能會讓原先的計畫大轉向。

我們很容易用老闆喜不喜歡來判斷成不成功，但不該這麼做。開回饋會議的目的不是給批評或接受批評，而是得出最佳

結果。如果把目標放在獲得認可，人們會把力氣用在做花俏華麗的簡報，而不是努力獲得最有用的回饋，找出如何改善目前的版本。

良好的回饋會議做到以下幾點：

◎ 讓大家對這次的專案應該做到什麼樣子有共識。

◎ 誠實報告目前的狀態，包括評估順不順利、上次報告後出現的任何變動、未來的計畫等等。

◎ 明確提出開放討論的問題、關鍵決策、已知的顧慮，方便大家提供最有用的回饋。

◎ 大家商量後，決定好後續步驟（包括下一次的專案里程碑或確認進度的時間）。

發想點子

有的人稱為「腦力激盪會議」或「工作會議」，也就是一群人聚在一起，替某個問題想出解決方法。腦力激盪在1950年代因為廣告主管艾力克斯・奧斯朋（Alex Osborn）的推廣流行起來。奧斯朋認為擺脫框架思考的方法，就是**盡量得出最大量的點子，暫時不要批評那些點子好不好**。

很可惜的是，光是找來12個人，要大家想到什麼就說什麼，其實不是有效的創新法[33]——我們容易擱置自己的新點子，附和別人提過的事，或是不會把心中所有的點子都說出來，交給其他人去發言。

若要得出最好的點子，首先要明白我們**既需要**獨自思考（因為我們獨自一人時，大腦最能發揮創意），**也需要**和別人一起互動（因為聽見不同觀點會激發靈感，想出更妙的點子）。

做準備與提供適合發想的情境是關鍵，良好的發想會議能做到以下幾件事：

◎ 想出五花八門的大量點子，方法是給每個人一段安靜的時間獨自思考，接著寫下點子（開會前或開會中都可以）。

◎ 每一個人的點子都要考慮進去，不能只顧到講話最大聲的人。

◎ 經由有意義的討論，讓不同的點子相輔相成，逐漸完整成型。

◎ 最後清楚找出後續的步驟，讓點子變成真正的行動。

強化關係

團隊若要順利運轉,眾人得齊心協力,也因此你得想辦法培養同理心與信任感,還得鼓勵合作。有時你召集大家的目的,可能只是為了增進情誼。

除了一對一會議或團隊會議,團隊一起共進午餐、晚餐,或是進行其他類型的社交活動,都能達成前述的目的。我們花時間了解同事的價值觀、嗜好、家人、人生故事等等。大家更了解彼此後,合作會變得更容易、更有趣。

培養感情的聚會,重點不在於花了幾小時相聚,也不在於是不是吃山珍海味,而是要做到以下幾件事:

◎ 讓參加的人更加了解與信任彼此。
◎ 鼓勵大家敞開心胸,說出心底的話。
◎ 讓彼此感覺得到關心。

每次見面前,弄清楚這次是為了達到以上哪種目的,不要試著一次做太多事。此外,對話開始離題時,提醒大家這次見面的主要目的。舉例來說,如果你想討論某個定價決定,但突然有人提議加上新功能,那就告知你會另外找時間討論新功能

的事，接著把對話導回正軌。依據我的經驗，決策會議的架構
鮮少是發想點子的好時機。

召開會議時，一定要精簡有效率，人們將感謝你尊重他們
寶貴的時間。

邀請正確人選

只要該到的人都到了，也沒抓不相關的人開會，會議成
功的機率將大增。如果太多人擠在桌邊，好幾個人心不在焉玩
手機，現場將呈現無精打采的氣氛。真的需要讓所有人都到場
嗎？大概不需要。

我參加過一種會議，那種會議的目的是做出即將深深影響
另一個團隊的決定，但那個團隊沒有代表受邀。例如：決定產
品應該開發哪些功能時，雖然表面上是產品決定，其實也會影
響銷售預期，現場卻沒有任何銷售團隊的代表。這是一種代價
高昂的做法，因為如果沒找來所有將受到影響的利害相關人，
你無法做出公正的決定。人們有可能遲遲不執行開會做出的決
定，或再度引發爭端。

怎麼知道應該請誰來開會？方法是查看剛才設想好的成功

會議結果，問自己：需要哪些人出席，才能得出那樣的結果？

　　究竟該找誰出席，有時即便是明理的同仁，也會有不同意見。先前我負責主持某個設計檢討會議，開會目的是由我和其他主管提供回饋給我團隊的設計，所有的設計師都受邀參加。然而，我們招募的人才愈來愈多，與會人數不斷膨脹，最後感覺像在演講廳開會，但每個時段負責報告的人，依舊只有一兩個人。也就是說，其他出席的每一個人只能傻坐在那裡聽。

　　我建議刪減出席名單，但不是所有的主管都同意。主管A主張這場會議很實用，可以讓新進設計師了解未來將收到的意見回饋。主管B也說，這是一場高能見度的會議，重要主管都會出席，能夠與會，代表自己是受到重用的團隊成員。

　　兩位主管提出絕佳的論點。開這場會議的目的，的確是傳遞資訊，讓大家知道我們看重的優秀設計元素。此外，這也是資深主管聯繫感情的機會。如果我只邀請要報告的人，相關好處會消失。

　　然而，設計檢討會議的**主要**目的，其實是讓我和其他主管提供實用回饋給進行中的專案。然而這麼多人在看的時候，很難做到這點。氣氛感覺很正式，壓力很大。負責報告的人開始花太多時間調整Keynote的簡報細節。那麼多人都在，我在發表審查意見時也得字斟句酌，無法以我比較喜歡的方式指點迷

津，輕鬆一點、直接一點。

我們最後決定縮減與會者名單，另外找方法進行教育設計與聯絡情誼，包括分享詳盡的會議評論，舉辦更多的領導Q&A。這場每週一小時的設計檢討會議，再度為專門團隊成員所舉辦。不過更重要的是，檢討會議回到原本的輕鬆氣氛，更能有話直說，以更有效率的方式達到原本的開會目的。

給人機會
做好準備再出席

我參加檢討會議時，臉上經常帶著困惑的神情，瞇著眼看投影片上的圖表。報告的人滔滔不絕說著：「從這裡的數據可以清楚看出……」等等，等一下！我想要大喊：**我看不出你是怎麼得出那個結論的……是因為我很笨嗎？**

後來發現我的反應其實很正常，不必難為情。碰上新資訊時，就連數字一把罩的同仁也得花點時間消化。

報告人對於自己的東西瞭若指掌，也因此他們碰上社會心理學家所說的「知識的詛咒」（the curse of knowledge）——

這樣的認知偏誤，讓他們很難回想以初學者的身分第一次看見報告內容的反應，他們以為自己快速點選一頁又一頁的投影片時，與會者一下子就能掌握所有的重點。

然而，如果會議的目標是下決定或給回饋，相關人士其實很難在短短一場會議裡，就深入掌握內容，得出經過深思熟慮的結論。

解決之道是協助每個人做好功課再去開會。我們改變開決策會議與檢討會議的方法，請會議負責人在開會前，先寄給大家當天會用到的簡報或文件，每個人有機會事先吸收資訊。換句話說，我有辦法好好理解所有的圖表，愛花多少時間，就花多少時間，開會時更能提供有益的意見。

事先就寄出議程表，同樣也能展現一定程度的貼心，協助大家不要離題。任何大小的會議都適合這麼做，就連一對一時間也一樣，不過會議愈大型，事前的準備就愈重要。如果聽起來很麻煩，那就想一想每開一場會真正的金錢成本。

如果一場全公司500名員工都參加的會議讓人放空，缺乏記憶點，那麼公司就浪費了500個工時——假設每個人的時薪是20美元，那就是浪費了一萬美元。好的會議，就算要花五個人五小時（一共500元）來準備，也絕對值得。如果把人找來，卻沒好好利用時間，就連與會者只有幾個人的每週固定會議，

一年下來也將浪費數千美元的生產力。

如同事前的細心準備，會議結束後也要花力氣做事後的整理。一場會議並不是開完就結束了，而是你們替這個世界創造價值時，任重道遠的道路中的其中一步。

養成習慣，在會議的最後五分鐘詢問：「散會前，我們來確認一下大家都有了共識，接下來的步驟將是……」會議結束後，整理好摘要，寄給與會者，包括大致的討論內容、明確的行動清單與各項任務的負責人、下次確認進度的時間。

如果會中做出決定，那就和當事人好好溝通。如果給了回饋，那就依照回饋行動。如果發想出點子，會議負責人應該說明接下來將採取哪些步驟，讓點子進入下一階段。會後的工作做好了，下次再度召開會議時，就知道議程表該放進哪些事。

讓與會者能安心發言

我剛出社會時，人很安靜。我在會議上的發言和現場人數成反比。如果是一對一面談，我會講很多話，但如果現場超過七人，我會像個忍者，盡量不讓任何人發現我在場。

成為主管後，發現我的小組裡很多人也一樣，不是所有

人都能在一大群人面前暢所欲言。我不敢發言是因為害怕被批評——我怕自己會講一些笨話，浪費其他人的時間。

如果現場氣氛讓我感到安全、有人支持我，不會被笑，我才敢開口。如果看到其他每一個人都發言，不會每次都只有一兩個口才好的人在講話，我就比較容易說出想法。此外，如果有人真心想知道我怎麼想，詢問我的意見：「茱莉，妳還沒發言——這個提案妳覺得怎麼樣？」或是我和在場的人夠熟，知道如果講了什麼蠢話，他們**不會**看輕我，這種時候我也比較敢開口。

如果你是會議主持人，希望發想點子、做出決定，或是加強關係，讓全部的人都能發言將帶來更理想的結果。這也是為什麼一定要塑造出一個歡迎大家發言的環境，讓大家安心發問、討論、說出看法、提出不同的論點。如果你提出一個自認太棒的點子，結果在場大多數的人在心中偷笑，沒人敢說出真正的感受，對誰都沒好處。避免變成沒穿衣服的國王方法如下：

明確說出你希望建立的原則

如果你希望每個人開會都要發言，有時最簡單的方法就是直接說出來。

我定期和團隊舉辦Q&A時間。我很重視我帶的人要能開口問尷尬的事，而且不會得到拐彎抹角的答案。然而，我進行了十幾次的Q&A時間後，我發現很少有人會開門見山發問。大家你看我，我看你，看誰勇於開口。

背後的原因，絕對不是團隊沒有任何不好開口的問題——我經常從私下的耳語，聽見大家質疑某個策略，或是想知道為什麼某個計畫不順利，但Q&A時間從來不曾出現這類問題。我最後決定直接點破。

下次開會時，我一開始就說：「我召開Q&A時間，原因是我真的認為團隊發生的所有事，該有真正的對話。然而老實講，我不覺得我聽見你們最在意的事，所以我就明講了：歡迎問尷尬的問題！一吐為快吧！我承諾我會有什麼說什麼。」

成功了——我明講我重視有話直說，歡迎大家什麼都可以問，更多人因此變得勇於開口。

改善會議形式，增加參與程度

缺乏章法的團體討論，讓與會者自行選擇是否發言、何時發言。如果是內向的人，你很難讓他們開口說出想法。如果是外向的人，全場又會只有他們的聲音。此外，年齡、年資、交

情也會影響人們能否放心開口。

對抗這種自然團體動力的方法，就是採取更有秩序的發言規則，例如讓在場的人依序發言。如果有三個選項要擇一，可以請每個人說出自己偏好哪一個選項、原因是什麼。如此一來，就不會漏掉任何觀點。

另一種我覺得也不錯的方法是「便利貼開場」。開始討論某個複雜的主題前（例如：我們訂出哪些市場目標，從現在起的三年後應該做到什麼樣子），給每個人一疊便利貼，寫下關於此次主題的想法。接下來，讓大家安靜集中精神寫10～15分鐘。

寫好後，每個人把自己的便利貼黏在板子上，解釋自己的想法。把類似的點子放在一起，等最後一張便利貼也黏好後，與會者討論每一「堆」點子。

鼓勵大家在分享想法前先寫在紙上，可以降低參與障礙。

讓每個人有平等的發言時間

如果你的會議通常都是某幾個人在發言，那就試著居中調整每個人獲得的發言時間。

留意發言被打斷的情形。如果A開始發言，結果B大聲插

嘴，那就幫Ａ一把，說：「等一下，Ａ還沒說完。」我發現這麼做還有一個額外的好處：人們會更加信任你。

同樣的，如果你發現有人想發表意見，你可以幫他一把：「約翰看起來有話要說。」某次開高層檢討會議時，同事就是用這個方法讓我有機會發言。一直到了今日，我依舊記得當時心中湧出感激之情。

觀察力特別敏銳的管理者，甚至會試著指定由誰發言，例如：「蘇珊，妳看起來很困惑——妳認為我們該怎麼做？」或「瑞克，今天都還沒聽到你的聲音，你的看法是什麼？」

太愛說話的人則要清楚但禮貌地讓他們知道，輪到別人發言了：「伊恩，你顯然還有話要說，但先讓其他人有機會發表意見。」或「蘿拉，我聽出妳強烈建議我們做Ｘ——在我們總結之前，還有人有其他看法嗎？我希望所有的觀點都能有機會被人聽到。」

以這樣的方式打斷別人，管理對話流程，有時會令人不自在，但可以清楚讓大家知道，你認為聆聽多元觀點將能得出更好的結論。

請大家提供會議回饋

　　幸運的話，大家如果覺得參加你的會議是浪費時間，團隊中會有人直言。不過還有一種不必靠運氣的方法：養成請大家提供回饋的習慣，尤其是固定會開、參加人數眾多的會議。

　　別忘了，取得有用回饋的關鍵是明確告知你想知道的事，而且讓人們能安心說出實話。先說你擔心有問題的地方，人們就知道可以提出批評。

　　以我失敗的近況會議為例，我可以問：「你們認為每週的近況會議用處有多大？我的目的是讓每個人了解其他人在做什麼，整個團隊更能彼此合作、相互協助，但我在想，我們最近是不是卡在太多細節裡。你覺得呢？」

　　回想你開過最棒的會議。那些會議帶來什麼感覺？我最喜歡和善的會議氣氛，大家真心好奇別人的想法，不會每個人緊張兮兮，一層無形的壓力蓋在身上。人們感到可以安心拋出瘋狂點子，也可以坦然說出：「我不這麼覺得。」每個人都知道大家開心他們能出席，也感激他們提出意見。我們應該朝這種類型的會議邁進。

有的會議不需要你出席，
甚至不需要開

幾年前，有一段時間辦公室特別忙亂，我固定過了午夜和週末都還在工作，心想：**這樣下去不行，為什麼每一件事全都趕不上進度？**

我告訴先生這件事，他第一個問題就問我：「妳的行事曆長什麼樣子？」「很忙，」我回答：「一個又一個開不完的會議。」先生說：「嗯，有必要全部參加嗎？」

先生的話讓我深入檢視自己的行事曆。整整一星期，每場會議我都會記錄開完的感受。我是否積極參與？我左右著結果嗎？我親自出席有意義嗎？

一星期過後，我目瞪口呆看著筆記。大約有四成的會議，我的答案都是「否」。老實講，有的會議我之所以參加，原因是我想要有被當成「自己人」的感覺，甚至單純只是因為我在受邀名單上，感覺不露面不行。然而，開那種會議的時間，其實可以拿來做害我每天熬夜的優先事項！

我還以為我的例子很極端，但後來發現這種事很常見。哈佛商學院的萊絲莉・普羅（Leslie Perlow）和同仁研究各大企

業的182名資深經理，65％的人指出會議妨礙他們完成工作，71％認為自己開的會缺乏生產力與效率，64％表示會議妨礙深入思考。[34]

我檢視完自己開的會之後，來了一場行事曆大掃除，刪除我沒有實際貢獻的會議。如果想追蹤某個和我有關的決定，我會請會議主辦人把我納入會前與會後的信。重新奪回的時間，讓我取得更健康的平衡，專心做好我在乎的工作。

身為管理者的你，你的時間很寶貴也很有限，你要像惡龍守住財寶一樣，好好捍衛自己的時間。如果確定就算你沒參加，其他人依舊會做出正確決定，那麼你沒必要到場。

此外，也要留意對**任何人**來說都不重要的會議，取消或改造那些會議是合理的做法。奈爾・雷曼－韋倫布洛克（Nale Lehmann-Willenbrock）等人的研究發現，經過詳細規劃的會議（邀請正確人士、議程表井然有序、有益的互動），直接關係著團隊績效與員工幸福感。糟糕的會議「令員工沮喪，還可能引發疲憊的感受與潛在的倦怠感」。[35]雷曼－韋倫布洛克表示，另一方面，「好的會議則能提振員工士氣」。

我以前很怕開星期三的某個會，因為氣氛緊張，一觸即發。其實只是要討論如何改善流程，但在場所有的人都翹著腿，雙手交叉在前，一副接下來要討論核武政策的樣子。現場

只要有人說了什麼，立刻就會有人反駁，或是出現冗長的尷尬沉默。幸好後來經歷一場大型的團隊重組後，再也不必開那個會議。

幾年後，我和當年也一起參加會議的同事聊到這件事，才發現我們兩個人都覺得那個會議是浪費時間。大家彼此之間尚未建立信任感，也因此所有的爭論都令人感覺不能輸，吵來吵去也沒個結果。我和同事問自己：「為什麼我們當時沒發現，乾脆不要再開那個會就好了？」當年的事讓我們學到一課。

如果發現自己參加的例行會議可有可無，那就幫大家一個大忙，溫和地讓負責人知道這件事。人生苦短，不該浪費在無意義的會議上。努力讓你參與的每一場會議都實用、精彩、振奮人心，你的團隊將有辦法團結力量大。

Chapter **7**

雇用正確人選

避免這麼做

盡量這麼做

我剛當上主管時，面試新人對我來說還是新鮮事，心中不太踏實。有一次，我面試一個剛畢業的人，他叫湯姆。我在自我介紹的時候，湯姆害羞微笑。我拋出頭幾個面試問題，湯姆一把抓住麥克筆，在白板上寫起解決方案。我注意到他的手微微發抖，接著湯姆問了幾個好問題，卡住時停下，往後站，再大聲說出自己在思考的事。

　　面試結束時，湯姆沒解完我出的所有題目。我看得出來他很沮喪，我能想像他回到家後會拿出筆記本，繼續想辦法解題，直到想出來為止。他看起來像是那樣的人。

　　湯姆的解題成績沒有其他應徵者好，但投票時，我投贊成票給他。連我自己也嚇了一跳。我一般會投保守票──如果我猶豫該不該雇用某個應徵者，不要雇用感覺上是比較安全的做法。這還是我第一次為某個人冒險。然而，我就是覺得湯姆似乎很特別：不只聰明，還很努力，深思熟慮。我知道我會想和這樣的人一起工作。

　　幸好，和其他面試官討論後，我們決定雇用湯姆。幾年後，我在派對上見到湯姆。他過來告訴我：「我還記得我們的面試，我好緊張，妳的題目我解得不好，我當時想妳一定不會用我。」

　　我微笑，開起玩笑，說自己有一顆水晶球，看見他未來會

成為很優秀的人才。湯姆**的確**優秀，加入公司後連升數級，沒幾年就從社會新鮮人成為資深工程主管。我們在公事上並未密切合作，但我經常聽別人談起他，大家都非常敬重他。湯姆聰明到不可思議，但依舊是最體貼、最勤奮的同事。

　　成長中的組織最重要的工作就是雇用理想人選。今日我已經替公司面試與找到數百位人才——超過我當新人時的公司總人數！那幾百位人才接著又帶來更多、更多人才。如果你在我剛進公司時告訴我，我有一天將成為**數千名**同事加入公司的源頭，我會覺得你瘋了。

　　雇用人才不只是公司擴大規模時很重要——光是找到一個優秀的人選，就能讓你的團隊績效改頭換面。

　　關於聘雇這件事，最該謹記在心的，就是找人不是等著你處理的**麻煩事**，而是替組織打造未來的機會。

　　我花了好長一段時間才有這樣的體認。我因為團隊飛速成長，雇人的事像頭頂的烏雲一樣，不斷追著我跑。我們似乎永遠都在缺人，雇人感覺像是為了解決報告太多、專案人力不足的問題，找人是我**不得不做**的工作。如何才能以最快速度滅完所有的火？

　　然而，雇人不只是「一個蘿蔔一個坑」而已。要是抱持那樣的心態，不會找到最優秀的人才。找人其實是在想辦法讓團

隊和你自己的**生活**好過許多。我們最欣賞的同事除了會貢獻長才，還會帶來新東西，鼓舞我們，協助我們，把上班變成好玩的事。現在回頭想想，我想不出能讓人生更圓滿的事：第一次見到某個人後發現他們超級優秀，接著和他們共事多年，一起解決有意義的問題。

網羅到英才令人振奮，然而聘雇這件事不容易。就和童話故事一樣，你得先見到好多隻青蛙，最後才會找到良緣。本章將討論打造優秀團隊的最佳方法。

事先想好
如何規劃你的團隊

團隊人手不足時，補人的壓力很大，你只要遇到看起來是能用的人就收，不管他們其實不完全符合你要的條件——這就像是飢腸轆轆時，冰箱有什麼就搜刮什麼，雖然只有醃黃瓜、番茄醬和麵包，照樣湊合著吃下去。

如果要讓自己吃到比較健康的一餐，或是組成比較理想的團隊，方法是事先做好計畫。像是星期日就先去買菜，備妥每

晚的健康食材，星期三晚上肚子餓的時候，你就比較可能伸手拿雞肉和蔬菜。

我每年一月會規劃我希望團隊年底的面貌，畫出未來的組織圖，分析技能、優點、經驗的缺口，列出需要找人的職缺。你也可以做類似的準備，問以下幾個問題：

◎ 我的團隊今年需要增加多少人（依據公司的成長情形、預計的人員流失情形、預算、優先事項等等）？
◎ 我想替每一個職缺找多有資歷的人？
◎ 我們的團隊需要哪些特定的技能或長才（例如：創意思考、營運長才、XYZ等專業技能）？
◎ 團隊已經具備哪些技能與長才，新人那些方面不一定要很強？
◎ 找到具備哪些特質、資歷、性格的人，能讓團隊更多元？

事先想好一整年的組織計畫，需要徵人的時候就不會手忙腳亂，隨時有一套評估應徵者的方式，才不會落入有人來就收的陷阱。

即使事情發生變化，例如公司改組，員工突然離職、優先

順序出現變化，你依舊可以隨時調整計畫，心中永遠清楚知道團隊應有的樣貌。

如果你的公司不太需要請人，你的聘雇準備會有點不同。一年後，你的團隊大小和成員，大概和目前差不了多少。不過，人員還是可能流失，可以先想一想，你的團隊有人離開時，要去哪裡補人？先前最好的員工是怎麼來的？可能的話，你想增加有哪種技能的人？如果開缺，你心中是否已經有屬意的人選？

找人是你的責任

如果你很幸運，公司有專門的聘雇團隊幫忙，你可能會覺得把事情交給他們就好，等著一流人選自己送上門。

但很抱歉要讓你幻滅了。天底下不可能有任何招募人員知道，什麼樣的人才將是**你的**團隊理想人選。此外，他們無法協助你評估特定技能，例如判讀X光或寫程式的能力。

你的團隊由你負責。主管要能找到滿意的新人，前提是和聘雇團隊密切合作，一起尋覓、面試與網羅最佳人選。優秀的招募人員負責動用自己的人脈，運用本身對於聘雇流程的知

識，例如：如何找到與推薦人選、如何指導應徵者接受面試、如何談薪資條件等等。在找人的優秀管理者則負責說明他們對於這次職務的了解，包括需要哪些條件、這份工作好在哪裡。此外，主管也會花時間親自聯絡應徵者。

如果沒有招募人員幫你，你將需要自己同時扮演兩種角色。以下是和招募人員合作的方法：

描述理想中的人選，愈明確愈好

負責徵人的主管，有義務找出職缺何時會開放、最佳人選的條件等。親自寫下工作描述，明確提出你要的技能或經驗。

即便是同一種類型的工作，每個團隊的特定需求可能十分不同，例如我帶領的設計師中，有的負責最多用戶使用的功能，例如瀏覽文章或評論。他們需要的人才必須極度專注於細節，還得有很強的專業技能。其他人則負責設計特定受眾的體驗，例如小型事業主、玩家、網路新手等等。相關團隊需要的新設計師因此必須具備同理心，還得熟悉研究方法，有能力自行找出需要朝哪些方向設計。招募人員了解不同團隊的不同需求後，才有辦法協助你篩選人選，找出符合條件的人選。

擬定找人策略

一旦你清楚要找什麼樣的人才,最好和招募人員坐下來腦力激盪一下,究竟要到哪裡才能找你的理想人選。你們想到的辦法,可能包括在 LinkedIn 搜尋某某職稱或組織、想到某某人可以幫忙推薦人選、到產業大會上找人、登廣告等等。

另外,還要找出你們要找具備哪些模式或關鍵字的履歷。舉例來說,我和招募夥伴判斷,我們的理想人選應該同時具備兩種經驗,要在設計公司待過,也要在科技公司待過,因為這樣的人通常具有願景,也知道實務上該如何執行。此外,我們也商量好,由我而不是招募人員來寄出簡介信,立刻讓潛在的人選感到我們並非亂槍打鳥。

不尋常的模式有時可以助你找到理想人選。Netflix 的前人才長麥寇德講過一個故事,她的聘雇團隊發現,公司的頂尖數據科學主管中,有驚人的人數都對音樂感興趣,也因此她們除了看履歷上是否列出典型的數據導向關鍵字,也開始找會彈鋼琴或吉他的人。麥寇德寫道:「(我們的)結論是這樣的人能輕鬆切換左右腦——這對數據分析來講是很理想的能力。」[36]

提供令人驚豔的面試體驗

數不清有多少次應徵者告訴我，他們最後選擇來我們的公司，有部分原因是他們覺得面試過程不拖泥帶水，非常清楚需要什麼樣的人選。讓他們對這間公司有信心，認為日後會和團隊合作愉快。

雖然你最後不一定會選擇僱用對方，令人驚豔的面試體驗能讓潛在的人選知道，你重視未來可能成為公司棟樑的人才。

主管與招募人員之間必須密切合作，才有辦法提供一流的面試體驗。每次有人來面試，我的招募夥伴和我變成蝙蝠俠與羅賓。我們會一天發多次訊息給彼此，確認細節──所有的面試官都拿到背景資料了嗎？由誰來評估哪些技能？我們能否找到了解應徵者狀況的同仁來當面試官，例如可以找安妮，她和這次的應徵者待過同一間公司，或是找迪森也可以，因為他們都不是本地人？最後該由誰來負責接待應徵者，感謝他們撥冗前來？

我和招募夥伴同心協力打造面試體驗，避開常見的錯誤，例如：兩關的面試之間相隔太多天或太多週、要求應徵者一遍又一遍介紹自己、給應徵者矛盾或令人困惑的資訊等等。

讓應徵者感受到你求才若渴

決定雇用某個人選後，你和招募人員都有義務讓對方感到你強烈歡迎他們加入。你在聘雇流程中愈讓應徵者感到你興趣缺缺，他們拒絕的機率愈高，例如整整隔了一週才又聯絡他們。

我發出聘書後，盡量兩天就聯絡對方一次，讓他們知道我掛念著他們，我很興奮能歡迎他們加入團隊。也會問他們有沒有任何想聊的問題，有時我們會共進午晚餐，詳細討論他們將接手的職務。

你想聘請的人選愈資深，你的殷勤程度就愈關鍵，因為他們大概有眾多選擇，而且你將請他們在你的團隊裡扮演領導的角色。提出鮮明的願景，說出你認為他們將能帶來的影響，協助他們了解為什麼這個職務令人興奮、為什麼他們是解決重大問題的完美人選。

雇用是一場賭博，
但有辦法聰明下注

只和某位應徵者相處一兩個小時，就能準確評估他們的可

能性有多高？

　　我們或許自認很會看人，然而證據顯示這是錯覺。幾年前，Google用數據分析數萬次的面試，想找出「面試官給應徵者打的分數」與「應徵者日後的表現」之間有沒有關聯，最後發現兩者「關係為零」，「完全是隨機的」。[37]

　　我一點都不訝異Google找出的結果，因為兩種情形我都碰過——某場很順利的面試讓我們決定雇用某個人，但日後那個人和公司不是很合拍。有的人選我投了反對票，但他們日後為公司帶來重大貢獻。

　　有三個原因可以解釋為什麼無法靠幾次面試，就能可靠預測某個人能否表現良好。首先，不可能在30分鐘或一小時的面試時間，就能複製實際的團隊工作環境。真實世界的專案大多很複雜，由好多人花數週、數個月、數年完成。面試能模擬出的應徵者能力，頂多是在一小段時間內解決小型問題。

　　第二，面試官會把個人偏見帶進評估過程。我們會受第一印象與先入為主的印象影響，看看對方是否符合我們心中「好的」應徵者。哈佛研究顯示，美國的交響樂團如果採取「盲測徵選」，也就是主審聆聽應徵者演奏時，中間隔著布幕，女性通過選拔賽的機率增加五成。[38]

　　最後，面試結果不代表完整事實的第三個原因，在於人

有可能脫胎換骨。應徵者如果已經畢業數年，Google不再靠GPA成績來篩選。人事業務資深副總裁拉茲洛·博克（Laszlo Bock）表示：「出社會兩、三年後，你能否在Google表現良好，與你在學校的表現完全無關，[39]因為你在大學習得的技能，跟工作用上的能力是兩回事。你基本上已經是一個不同的人。你學習，你成長，以不同的方式思考事情。」

雇用新人永遠有風險，但方法如果夠聰明，挑中合適人選的機率會上升。

檢視應徵者過去做過的類似工作

雖然稱不上完美的方法，若要預測某個人的未來表現，最佳指標是他過去在類似環境中做過的類似計畫。那也是實習十分重要的原因；某個人加入你的團隊幾個月後，你會更清楚他們的工作方式。

如果沒辦法實習，次要的好選擇是仔細研究他們過去的工作。我們面試設計師時，十分重視「作品集審查」（portfolio review），應徵者自行挑選幾個做過的設計案，到我們公司做簡報。我們聽他們講解設計流程，看見他們實際做過的設計，深入了解他們的技能與解決問題的方法。我一個教育界的朋友也採取

類似的做法，請應徵的老師到學校試教一堂主題任選的課。

詢問應徵者能否展示他們開發過的應用程式、寫過的文章、提過的案子等等，評估產出的品質。如果他們選擇呈現團隊合作的成果，請他們說明他們個人負責哪個部分。

找可信的人士推薦

如果某個可信的來源告訴你，珍很優秀，傑克則是他不會想再共事的人，你要認真看待那個回饋。你的兩小時面試，可信度不如實際和對方合作過的經驗。

我們每次職務開缺，第一件事就是確認團隊裡的所有人都知道我們在徵人。我會問團隊：「如果你能揮舞魔杖，你的夢幻應徵者是誰？」團隊給出的名單除了是很好的聯絡起點，也提供了找人的方向。被推薦的人選中，是否在技能、待過的公司、經驗等方面有相同的模式，我們可以進一步挖掘那些地方？

另一個可信的推薦管道是資歷查核。吉爾特集團（Gilt Groupe）與《商業內幕》（Business Insider）創始人凱文·萊恩（Kevin Ryan）大力採用推薦人制度。「聘雇程序一般包含三個元素：履歷、面試、資歷查核。」萊恩表示，「多數管理者

過度重視履歷與面試，不夠重視資歷查核。推薦人最重要。」[40]

　　萊恩表示，關鍵在於找到誠實的推薦人。「要找到實話實說的人，需要費很大一番工夫，但值得花這個力氣。」直接打給應徵者提供的推薦人，或是詢問你不熟的人，大概不會聽見實話。詢問你信任的同事，看他們有沒有人脈，可以幫你聯絡他們信任、也認識應徵者的人。

　　做資歷查核的時候要記得兩件事。第一，工作做久了，技能通常會進步，也因此非近日的負評要打折扣。如果朋友告訴你，傑克五年前的成交能力不佳，他這五年來或許已經大幅進步。

　　第二件要留意的是如果你**只詢問**自己目前的人脈，你聽到的人選大概同質性很高。回到你替職缺定義的理想人選，確認網撒得夠廣。

多找幾位面試官

　　最佳的面試法是讓應徵者和好幾個人談，面試官必須知道這次的職缺需要什麼樣的人才，每位面試官問不同的問題，最後得出全面的觀察。舉例來說，如果你想聘請財務經理，那就請面試官A評估管理與合作能力，面試官B出詳細的財務考題，面試官C詢問應徵者過去的工作經驗。

同時找好幾個人負責面試，可以減少偏見，留意到只由一個人面試不容易發現的警訊。然而，讓面試官聽見其他面試官怎麼想之前，應該先讓每一個人獨立寫下看法，建議「雇用」或「不雇用」，避開團體迷思。

一個熱心的打包票掛保證，
勝過大家都覺得普普通通卻也沒人反對

我們開始增加面試官人數後，發現大家在討論該不該雇用時，常常給出Facebook的「一般推薦」（weak hire）。*「一般推薦」是指所有的面試官各自獨立做出「雇用」的推薦——這在紙上聽起來很棒，大家一致通過！然而，沒人特別強力推薦那位應徵者，大家說：「我不確定他適合**我的**團隊，但他去別人的團隊大概會不錯。」或「我看不出**不該**雇用的理由……」

我發現得到「一般推薦」的應徵者沒有任何明顯的問題——人似乎還算好相處、回答了標準答案、有相關的工作經驗。然而，他們沒有任何面向令人感到「哇！」如果最後的決定是不雇用，也沒人會站出來替他們講話。

---

* weak hire：另外還有「強力推薦」、「推薦」、「一般不推薦」、「不推薦」、「強力不推薦」等選項。

由於每次的雇用已經是一場賭博，如果只是「一般推薦」，那就不要雇用。那樣的人選大概不是地雷，但八成也不會帶來多少價值。要賭，就賭有人願意強力推薦的人選。如果某位應徵者得到的評價不一，但投贊成票的面試官都願意和他們共事，這通常代表著他們能帶來具有價值的東西。

事先備妥面試題目

　　理想面試的先決條件，將是你已經清楚知道想了解這名應徵者什麼事。也就是說，你應該先熟悉應徵者的背景，準備好你要詢問的問題清單。如果有好幾位應徵者要爭取同一個職位，那就詢問每一個人相同的問題。別忘了，我們每個人都有偏見──如果問的問題不一樣，你的聘雇依據有可能是印象分數或聊得愉不愉快，而不是應徵者回答的內容。

　　有一次面試一位應徵者，就叫他梅森好了。梅森看起來很緊張、很害羞，不敢看我的眼睛，每講一句話就大吸一口氣，同樣的答案口吃重複三遍。不過，我已經預先準備好一整套問題，挖掘梅森具備的技能與經驗，包括：他能否示範自己是如何替某個專案設定目標？他能否說明過去工作時碰過最困難的挑戰、當時是如何解決？他能否誠實指出自身的優缺點（他是

否承認自己的弱點是溝通能力）？

相關問題協助我了解梅森如何處理問題，梅森都回答得不錯，他的答案比其他應徵者還要詳細與深思熟慮，我們最後雇用他。而梅森後來努力改善溝通技巧，很快就成為貢獻最大的成員。

只有你才能判斷該問哪些問題，因為只有你知道你在找什麼樣的人才。高度專精的職位尤其需要問專門的問題，找出應徵者是否具備相關能力，但如果一開始實在不曉得要問什麼，以下是我最喜歡的萬用題：

1. 哪種類型的挑戰對你來說最有趣？為什麼？可否請你描述最喜歡的專案？（這個問題讓我知道應徵者有熱情的事。）

2. 你認為自己最大的優點是什麼？你的同事會認為你需要成長的領域是什麼？（這個問題是為了找出應徵者了解自己的程度，以及他真正的優缺點。）

3. 請想像三年後的自己。你希望到時候哪些地方會和現在不一樣？（這個問題是為了了解應徵者的志向、目標導向的程度、自我反省的能力。）

4. 過去一年中，你碰過最難處理的衝突是什麼？最後

結果如何？你從那次的經驗中學到什麼？（這個問題讓我了解應徵者如何與他人合作、他們平日如何處理衝突。）

5. 最近工作上的什麼事啟發了你？（這個問題可以了解應徵者認為哪些事有趣或有價值。）

不收會讓工作環境烏煙瘴氣的人

還記得嗎，前文提過團隊容不下混蛋？留意應徵者的回答是否出現警訊，例如：說前任雇主的壞話（「我上一個主管很爛」）；把和自己有關的失敗歸咎給他人（「我上一個專案沒成功是因為內部的政治問題」）；汙辱其他團隊（「銷售團隊是白癡」）；問公司能為他們做什麼，不問自己能為公司做什麼（「到你們公司上班感覺職涯會更上一層樓」）；態度傲慢或自以為是（「我想應徵這個職位是因為你們看起來需要很有經驗的人」）。

打造具備多元視野的團隊

很久很久以前，由於我們的團隊正在成長，我的主管凱特開始替新的領導職位招募人才。還記得我看著來自各大公司

的應徵者，他們做了一場又一場的簡報，帶我們看精美的投影片，解釋複雜的設計流程，例如：設定詳盡的使用者群（user persona）、做長達數月的研究、執行時用上數百張便利貼的點子發想衝刺計畫（sprint）。

當時Facebook還是一間小公司，我實在不懂，為什麼不直接走進工程師在的辦公室，在接下來的幾週內打造與設計出產品。那些花俏的流程感覺沒必要。那些大公司的老鳥能適應我們簡樸的新創環境嗎？我感到不以為然。然而，凱特找了幾個人進來後，我明白了。

一開始，我和新經理起衝突──在雇用策略、如何開互評會議、什麼樣的人是A+設計師等方面，我們的看法不一樣。老實講，我認為這群空降部隊讓事情變得太複雜，他們則認為我心胸狹窄。

然而，時間終究會證明一切。我們一路成長時，有那樣的管理者在，實在是寶貴的資產，他們知道公司從50人擴張至250人時該怎麼做。我逐漸了解他們的強項就是我的不足之處。我們的工作方式的確得視情況演變，包括雇用新類型的人才、引進更有制度的流程，還有沒錯，我們有必要採用使用者群與衝刺計畫等工具，支援我們人數愈來愈龐大的使用者。

把「多元」當成公司的優先要務，不只是海報或口號而已。

從性別、種族、工作經驗、一直到人生經歷，你必須相信多元能在各種層面帶來更好的點子、更好的結果。科學證據也證實多元的好處：2014年一項研究數百家上市公司的研究發現，管理階層的族裔多元性最強的公司，財務表現優於平均的可能性高35％。[41]另一項樣本數達2,400家企業的研究也發現，至少有一名女性董事的組織，表現勝過董事會清一色是男性的公司。[42]大學兄弟會與姊妹會的實驗發現，相較於都是自己人的團體，有「外人」的團隊以更精準的方式解決問題。[43]

即使不看數據，光靠邏輯推論也知道，哪一組人比較可能得出創新的點子？一群外表、思考、行為和你很類似的人？還是觀點五花八門的一群人？

注重多元的意思是積極尋找提供不同東西的應徵者。除了提拔內部人員，也要雇用外面的人才。此外，多元的意思是了解包括你我在內，每一個人全都有必須被他人挑戰的成見。多元的力量能協助團隊避開偏見，做出更理想的決策，以更有創意的方式思考。

雇用具備成長空間的人

我有時會聽見管理者說：「目前只需要能幫我做X的人，

不需要還會做Y和Z的人。」

　　或許吧。如果職缺（與預算）是第一線的銷售人員，絕對沒必要在一群執行長中挑人。然而，如果是知識型的工作，聘請能力似乎超出當下需求的人才，未來將能協助你處理更大的問題。以我這些年來打造團隊的經驗來講，我從來不曾感到：**嗯，我們公司只有殺雞的工作，找來牛刀只會閒置。**

　　真實的情形永遠相反。有一次，我們替一個新企劃雇用了總監級的人才。團隊最初的人數很小巧，這位新主管過去則主持大上許多的組織，乍看之下實在是大材小用。

　　然而，時間快轉到幾個月後，那位新主管一鳴驚人，他被找來帶領的領域欣欣向榮。他主動找出其他需要做的新計畫，加以執行，協助公司擴張。我帶領的另一個團隊出現空缺時，他是我第一個想到的人選。之後的一年內，他手中就負責多個關鍵專案。

　　管理者若要增加團隊影響力，最聰明的做法就是雇用最優秀的人才，接著放手讓他們一展長才，直到他們將能力發揮到極限。

一路上難免碰到青蛙，
但要對流程有信心

對我來說，幫公司找人壓力最大的地方，在於不確定性。我寄信給應徵者後，不一定會收到回信。就算收到回信，通過電話，也有很高的機率是應徵者或我會覺得他們並不適合這個職缺。

如果通過電話後，應徵者進入面試，他們可能會在回答問題時表現不佳。就算面試表現良好，**終於**進入最後的環節，我們準備好要發熱騰騰的聘書時，應徵者也有可能會決定不來我們公司。過五關斬六將的過程中，每一關你都可能感到失望，覺得白白浪費時間。

不過，我學到一件事。如果把事情放大一點看，你會發現聘雇流程其實就是數字漏斗而已。應徵者有數十位的時候，漏斗的模式相當一致，例如（這裡的數字只是隨意舉例）你寄出20封電子郵件，可能有十個人感興趣。回你信的十個人中，後來有四個人成功進入面試階段。四個來面試的人中，最後有一個人會拿到聘書，而拿到聘書的那個人，又有五成機會將回絕這次的工作機會。

雖然實際的數字會因為團隊、職稱、組織有所不同，不論

是徵什麼樣的職位，其實可以得出等式：「平均一開始寄出 X 封電子郵件，最後才徵得到人。」

自從這樣想之後，我開始有信心只要多花時間與精神找人，效果就會愈好，雖然偶爾還是會有槓龜的時候。

當你需要雇用
五人、十人或數百人

幾年前，我們公司急速成長，招募設計人才的速度跟不上。我感覺每一天都會聽見訴苦，設計師不夠，人力短缺造成問題——專案做不完，內部的設計師已經被壓榨到極致，叫苦連天。我大喊：「可是我已經盡力在解決！」我沒說謊。我沒有一天不在跟聘雇團隊傳訊息，天天寄電子郵件給不認識的人選，舉行面試。「我想雇用好人才，」我說，「找人需要花時間。」

幾週後，我和主管克里斯進行平日的一對一時間，談到人力短缺的問題。克里斯問我：「妳覺得妳花了足夠的時間找人嗎？」我回答：「有啊。」我說出我的標準台詞：我沒有一

天沒在進行找人的事。接著是一陣冗長的沉默，克里斯凝視著我，問我：「如果我告訴妳，現在**唯一**重要的事就是找人，妳找人的方法會不會有所改變？」

我眨眼。嗯，**這樣**說起來的話，那是當然。我的確每天都有做找人的工作，但我時間主要花在別的事情上，像是檢視路線圖、設計互評會議、和部屬開會等等。如果改成把找人當成**唯一**需要做好的事，新點子突然間冒出來。我可以請認識的人介紹更多人選，請更多應徵者喝咖啡，在信任的同事面前練習招募台詞。

接下來的四個月，我的生產力達到前所未有的高峰。我招到所有的管理職缺，歡迎了許多新面孔成為我們的一員。

我學到招募人才其實和解決設計問題沒什麼不同。一開始，你不知道答案會是什麼，也不曉得要花多久的時間才能解決。然而，你信任流程。只要投入時間與力氣（例如：想出十種不同的設計選項，或是和十名應徵者談），毫無例外，你最終會找出最佳的解決方案。

前文提過，聘雇是所有管理者的關鍵工作環節。然而，如果你的團隊快速成長，聘雇很容易成為最重要的冠亞軍技能。如果你需要打造大型團隊，但缺乏堅強的主管陣容，問題很快就會一發不可收拾。你必須持續吸引優秀人才投靠，靠他們替

公司招募到更多好人才，才可能做出最好的成績。

大規模招兵買馬時，以下是我學到的最重要的事：

成功聘雇的關鍵在於肯下工夫

視運氣而定，替某個職位找到人可能需要兩星期或兩個月。然而，如果是大規模徵才，例如你不只需要找到兩位新人，而是20人或200人，平均的大略數字可以免去一個一個找人的不確定性。假設你的團隊寄40封電子郵件邀請信後，有20人願意進入第一關，接著八人接受面試，最後決定聘用兩位人選，其中一人接受，那麼需要雇用20個人的話，你將需要在一年之中寄出800封信。雖然800是個大數字，能找到人的機率卻會大增。

你的任務因此是打造出一台順利運轉的機器，徵人漏斗中的所有步驟都順暢有效運轉。假設你的團隊有八名主管，若要達成聘雇目標，每一位主管將需要每年寄出大約200封電子郵件，也就是每週大約四封。那樣的數字不算太瘋狂。如果你想面試160個人，那麼目標是每週請來三個人選。你需要足夠的人選，才有辦法以客觀、一致的方法評估，也就是說你得有訓練面試官的計畫。

此外，也要找機會讓你的漏斗增進效率。你能否把最初的電子郵件修改得更誘人，讓更多人想應徵你的職位？你能否舉辦活動，讓可能的應徵者更想參加面試？你能否想出更好的面試問題，讓自己更了解應徵者？

能不能成功，要看應徵流程運轉得順不順利。把大問題拆成中問題，再拆成小問題，請所有的同仁一起出力，協助團隊壯大。

主管級的聘雇要先做功課

替團隊招募經理或資深人員是重大投資。萬一招到不理想的管理者，後患特別大，因為管理者影響的人數眾多。如果你找進來的新經理價值觀和你不同，他日後會雇用更多你認為不合適的人選。萬一他不擅長與人合作，來找你抱怨的人將排到天邊。

替主管職位找人不能急，一定要先弄清楚什麼樣的人是理想人選。最簡單的辦法就是和愈多可能的人選聊聊，包括沒想過要跳槽但熟悉該職務的人士。如果你徵的是自己不熟悉的職務，你尤其需要做功課，了解應該設立哪些門檻。

想像現在有一名聰明的執行長，她想找人管理工程部門。

她自己是銷售出身，以前沒做過工程工作，那怎麼知道要去哪裡找人？這位執行長可以先請自己的人脈介紹頂尖的工程主管。即便被推薦的人對她的職位沒興趣，依舊請他們出來喝杯咖啡，向他們學習：他們會在履歷表上尋找什麼樣的特質？他們面試時會問哪些問題？他們會想聽到什麼類型的答案？能不能幫忙推薦找到優秀人選的管道？

執行長接著和團隊裡的工程師聊，了解他們心中的重要領袖特質。她請其中幾位工程師協助她評估人選的技術能力，還特別請多元人選來面試，以求更能校準應該尋覓的條件，最後做出有把握的聘雇決策，找來最優秀的工程主管。

聘對一個優秀主管，將在接下來多年深深影響你的團隊。不要隨隨便便找人——先做功課是有好處的。

招募頂尖人才時，目光要放遠

有一種情形一天到晚都在發生：我積極尋找優秀主管，和人選見面後驚豔萬分，眼睛閃閃發亮，充滿對未來的各種幻想，想著以後我們將一起解決問題，擊出漂亮全壘打。我甚至已經在想對方到職的第一天，我要如何向團隊介紹他們。

我興奮給出聘書，一切都很美好，直到……我接到害怕

會接到的電話，對方說：「我其實有別的生涯規劃……」我垂頭喪氣，祝他們好運，癱在椅子裡，把對方的名字從名單上刪掉，再度開始找人。

然而，是這樣的，這種故事有幸福快樂的結局，因為幾個月或幾年後，我會突然收到電子郵件，寄信人是先前婉拒我的那位人選，她說情況有變，現在她準備好做點不一樣的事。不曉得還有沒有機會加入我的團隊？

我因此學到招收頂尖人才的重點是建立關係。有經驗的優秀主管不缺工作機會，每個人都想搶到他們。他們想換工作時，一般會選擇已知很不錯的機會。有可能是他們的好友在Y公司上班，待得很愉快。也可能是他們以前見過X公司的主管。如果你想到哪上班隨便你挑，為什麼要加入不認識半個人的團隊？

那也是為什麼吸引最佳人才是一種長期投資。留意領域裡的新星，在產業大會、社交場合及其他活動上，走過去認識他們。持續建立你的人脈，也持續培養你的團隊口碑，方法包括參與社群、貢獻新知給你的領域、在報刊雜誌上談你的故事，或單純成為業界知名的傑出人士。

我發現雖然在過去這些年來，許多人婉拒加入我們，但不要當成白費功夫。我今日團隊中的許多主管，先前曾經回絕

過我一兩次。今日我再碰到招募不成的人選，我都會說期待以後雙方的道路將再度相會。工作機會是一時的，但職涯是長遠的。有時我們沒能在正確的時機，提供正確的機會，也或者他們尚未準備好做新嘗試，但有一天情況可能改變，我希望到時候他們會想起我們。

建立陣容堅強的板凳

我平日會和團隊裡的主管沙盤推演「長假」測試（也有人稱為「被公車撞測試」，但那太不吉利了），也就是設想如果有一天你去遙遠的地方登山，或是到某個偏僻小島做日光浴，人得離開幾個月，你的上司得介入多少程度，才能確保每一項業務都順利運轉？

如果答案是「不太需要插手」，那就恭喜了！你有很好的板凳陣容。如果答案是「嗯，我的上司將得做很多事。」那代表你需要加強低你一階的主管陣容。

板凳陣容堅強的意思是說，萬一你突然離開辦公室，你的部屬有辦法接手。此外，也代表不會少了你一個人，團隊就會整個垮掉──不會失火、不會混亂，不會你人一不在，工作就得停擺。擁有優秀板凳是優秀領導力最好的明證，因為那代表

即使沒你掌舵，你打造的團隊還是有辦法一帆風順，自行駕駛船隻。

「可是等等！」我聽見有人質疑，「理論上聽起來很棒沒錯，但如果沒有你，團隊照樣能成功，不就代表你其實不重要嗎？」

好問題。但問一問自己：就算已經是最優秀的主管，還是有可能在接受指導後拿出更好的表現嗎？當然有可能，也因此你應該把自己的工作，看成替你的團隊帶來乘數效應。

更重要的是，有了堅強的板凳看家，管理者就能把心力放在征服地平線上的下一座大山。Facebook還把哈佛宿舍當成營運據點時，祖克柏親自替服務寫大部分的程式。公司雇用第一批工程師後，不代表就不需要祖克柏了；只不過是他可以把心力放在其他事情上，例如：把服務拓展到其他校園、開發「動態消息」等新功能、禮聘其他領導者和自己一起完成連結世界的目標。

你的團隊做的事不該一成不變——團隊的能力增強後，你們的目標也該跟著成長。你的團隊可以解決的下一個大問題是什麼？你要如何助一臂之力？

如果祖克柏去休長假，今日的Facebook依舊能照常運轉——祖克柏也的確在兩個女兒出生後，請過幾個月的育嬰

假。然而,他的領導方式是持續挑戰公司做更遠大的夢想,提供更多服務,致力於拉近人與人之間的距離。

培養把找到人才當成第一要務的文化

如果你的團隊成長到需要更多管理者,一定要分配尋找人才的責任,最終不會由你擔任每一場面試的面試官,也不會每次都由你投下決定性的一票。公司每年都要招數十位或數百位新人的時候,不可能事事都你自己來。

一方面,你可能會感到失去控制權。我朋友茉莉·葛拉罕(Molly Graham)形容那種情形就像是「把自己的樂高拱手讓人」。[44]茉莉同時待過Google與Facebook等新創公司,相當熟悉公司飛速成長的情形。她說此時你心中會冒出焦慮,就像是有一個孩子原本可以全權主導要用樂高蓋什麼,現在卻得和其他孩子分享自己的積木。

另一方面,你將有機會建立基業長青的企業文化,把自身的價值觀推廣出去。此時,你要特別留意如何替聘雇定調,指導旗下的主管以最謹慎的態度打造團隊,確保他們花足夠的時間與心力聯絡優秀人選。一有機會就談你的價值觀,讓每個人都了解好人才的模樣。最重要的是你要清楚表明,建立團隊不

是某個人的工作，而是每一個人的工作。

我們每個月開的設計會議，有一個悠久的傳統。我們會帶著新成員一一到大家面前介紹。一開始，我感覺自己像在主辦晚宴，把新朋友介紹給老朋友。日子久了之後，其他主管也開始介紹他們剛招到的新人。

有一天，我們再度舉行相同的儀式，巨大的房間裡擠滿人。我瞄了瞄四周所有的新面孔，發現自己一個也沒看過！我嚇了一跳，但那也是我最自豪的時刻。大家見到一個又一個的新人，看得出新人全都十分優秀。我並未直接雇用他們，但等不及要和他們一起工作了。

Chapter 8

讓事情發生

避免這麼做

盡量這麼做

很久很久以前，有一個人叫凱文。他想做出一種東西，方便大家約朋友出遊、打卡、分享聚會的照片。凱文很快就做出一個app，熱愛肯塔基波本威士忌的他，把那個app命名為和波本酒諧音的「Burbn」，接著又說服朋友麥克加入，一起仔細觀察用戶如何使用他們的app。

凱文和麥克發現，他們的app設計得過於複雜，實用性不高。使用者不常上去，然而Burbn的重點就是要讓人經常查看。不過，有一個功能大家的確比較常使用──Burbn的照片分享功能。用戶放上日常生活的隨手照，像是街道與餐廳、拿鐵與啤酒、朋友與自拍等等。凱文和麥克覺得這點非常值得留意，進一步研究使用情形，探索所有使用手機分享照片的方式，幾個月後決定讓自己的app轉向，拿掉規劃出遊與打卡等功能，只專注於簡單的照片分享功能就好。噢，對了，他們還改掉app的名字，從Burbn變Instagram。

Instagram今日的全球用戶超過十億人。2012年經過一場十億美元的購併案後，加入Facebook的大家庭。

每一間大公司的誕生故事都有一個共通的主題：通往成功的道路，永遠不是毫無曲折的康莊大道。不會是突然靈光一閃，冒出驚天動地的好點子，接著就一夕成功。成功之道其實是不斷計畫，不斷執行──你試著投入似乎是好點子的東西，

快速做出來，保持開放的心胸與好奇心，學習，接著放棄失敗的地方，專心做行得通的部分。你一試再試，失敗就再來一遍，這樣的流程讓事情發生。

流程。許多人聽到流程就皺眉，聯想到文書作業或排隊的畫面。然而，流程本身沒有好壞，只不過是「我們需要做什麼才能達成目標」的答案。即便那個答案沒白紙黑字寫在任何地方，依舊存在。

不好的流程繁瑣又莫名其妙，逼人走過重重關卡。好的流程則能協助我們拿出最佳表現，從錯誤中學習，快速前進，未來做出更聰明的選擇。

如何能替團隊設定有效的流程？本章將討論讓事情發生的基本原則。

先有明確的願景

有一次，我替公司的「社團」（Groups）產品擬定六個月的路線圖。我想先從設計背後的目的出發，寫下：**協助人們透過共同的興趣連結他人**，接著描述我們的策略與接下來的里程碑。

下一次和上司克里斯進行1：1的時候，和他分享路線圖，請他提供回饋。克里斯讀了第一句話，拿出一支筆，在「**協助人們透過共同的興趣連結他人**」底下劃線，喃喃自語：「太弱。」我問：「什麼意思？」我覺得那句話非常精確地說明了我們想做的事。克里斯說：「就是——妳知道的，很模糊，沒說出這東西到底哪裡與眾不同。」

　　我懂克里斯的意思了。人們在談論目標時，常用「**協助**」、「**改善**」、「**提升**」這幾個詞彙，但那些其實是很含糊的字眼。如果團隊裡有人修正一個bug，那算「**改善**」體驗嗎？當然算。那算不算促成「**協助人們透過共同的興趣連結他人**」？也算。但如果接下來六個月，我們一共只做到修正一個bug，團隊會開心嗎？不可能。「**協助**」或「**改善**」等詞彙相當主觀，無法讓大家對目標有共識。

　　明確的願景能帶來最大的影響力。美國胡佛總統（Herbert Hoover）當年競選時，有一句民眾朗朗上口的選舉口號：「家家鍋裡都有雞（A chicken in every pot.）。」這句話一點都不含糊，不像「美國會富裕起來」，也不像「人民將享有更多的經濟繁榮」。「家家鍋裡都有雞」讓人腦中浮現景象，成千上萬的家庭晚上都吃得到大餐。

　　事實上，胡佛本人從未說過這句話。[45]這句話其實出自共和

黨選舉期間的傳單，但相當好記，於是那個小小的選舉被一傳再傳，誤傳近一世紀。具體願景的力量可見一斑。

Facebook當年知名度還不高、使用者限於幾百萬學生時，祖克柏偶爾會拋出一句話。他說有一天，我們將連結整個世界。當時MySpace幾乎是Facebook的十倍大，所以祖克柏那句話感覺像是天方夜譚，然而那個願景十分清楚，沒人會誤解我們追求的目標。我們不只想要「成長與改善服務」，甚至不只是追求當社群網絡公司的第一名。我們在心中想著有一天，我們要做出超級實用、**每一個人**都會用的東西——世界上的數十億人。

令人振奮的願景十分大膽，從不畏首畏尾。一說出來，立刻就知道是否打中人心，因為非常明顯，朗朗上口，口耳相傳。令人振奮的願景不會描述**方法**（你的團隊會搞定那部分），只會簡單說出結果。我告訴我的團隊，他們設定願景時，如果我隨機問五個聽過的人，請他們告訴我是什麼，五個人要是異口同聲說出一模一樣的答案，那麼這次的願景定對了。

管理者一定要向團隊定義與分享具體的願景，說出你們共同追求的目標。SAT補習服務可以把目標定成「讓每位考生的成績至少進步兩百分」。實驗室可以致力於在兩年內讓錯誤率下降五成。非盈利組織的募款部門，可以把目標定成三年內

募到五千萬美元。我們的社團產品使命是最終讓十億人得以在Facebook找到有意義的社群。

起步的方法是問自己以下幾個問題：

◎ 假設你有魔法棒，輕輕點一下後，你的團隊不管做什麼都會很完美，那麼你希望二、三年後，哪些事會和現在不同？

◎ 你希望隔壁的團隊會如何形容你的團隊做的事？你希望幾年後，你的團隊會建立起什麼樣的口碑？你們今日距離那個目標多遠？

◎ 你的團隊擁有哪些特殊超能力？你們全力以赴時，如何創造價值？你的團隊要是變得加倍優秀，那會是什麼樣子？五倍優秀呢？

◎ 如果你必須想出一種快速檢測法，讓任何人一測，就能評估出你的團隊屬於「表現不佳」、「表現普通」或「表現優良」，那會是什麼檢測法？

擬定可信的行動方案

假設你有具體願景，也知道成功的樣貌，接下來呢？現在

你必須想出計畫（也稱為「制定策略」），好讓那些結果成真。

艾森豪（Dwight D. Eisenhower）是史上最優秀的將領與二戰 D-Day（作戰行動發起日）的策劃人，有一句名言：「計畫不是萬能，但沒計畫萬萬不能。」[46] 雖然總是會出現出乎意料的事，無法事事掌控，但走過擬定計畫的流程後，才有辦法掌握目前的情勢，盡量想出最可能成功的方法。可靠的策略可以提供基礎，發生緊急事件時，將有辦法快速修正計畫，不會一團亂，又要從零開始。

什麼樣的策略是好策略？首先，一定要實際可行。如果有人問你，聽說你想「讓每個街區都有一間檸檬水攤子」，那麼你的策略是什麼？結果你回答，你將邀請全球最炙手可熱的明星替你代言，大家將揚起眉毛，因為請巨星要花很多錢，不太可能是一筆好投資。另一種可能是你的產品超級優秀，連世界各地的籃球明星小皇帝詹姆士（LeBron James）和影劇圈天后泰勒絲（Taylor Swifts）都想要沾光，就算你沒付他們錢，也免費幫你宣傳——這同樣也是不太可能發生的情形。

好策略會抓到待解決的問題關鍵，集中團隊獨有的優勢、資源與力氣，用於達成目標最重要的環節。

如果你領導的是大型組織的一部分，你的團隊計畫理應與組織的高階策略直接相關。舉例來說，Facebook 致力於讓人們

有能力建立社群，讓這個世界更貼近彼此，方法是透過動態消息、Messenger、社團等工具，那麼相關工具的產品團隊主管的任務，就是替自己負責的領域，擬定特定的策略支持Facebook的願景。

替未來擬定計畫時，別忘了把握接下來以下幾點原則。

依據團隊的長處制定計畫

如同你的管理風格會反應出你是什麼樣的人、你擅長哪些事，你的計畫同樣也該考量團隊特有的能力。舉例來說，我的產品設計師團隊擅長行動與桌面兩方面的互動設計。我們徵人與訓練時，也著重這項能力，因為那是我們最主要的工作內容。然而，有時專案會需要製作時髦的行銷影片或大量插圖，此時我通常會請其他團隊支援。

工程師同仁有時會疑惑。「可是你們不是設計師嗎？」他們問：「設計師應該會畫圖，也會做動畫，對吧？」我會解釋，我的團隊中很多人都**會做**，但那不代表我們**應該**親自做。那不是我們的核心能力，我們最後大概會花雙倍的時間，但只做出專業團隊的八成品質。

如同你不該派軍隊的裝甲兵去做偵查工作，你擬定的計畫

也不該不符合團隊最適合的任務。從A點抵達B點的方法通常有數十種，你要採取陸、海、空哪一種？如果選擇陸路，你要走叢林那條路，還是山路？這種事沒有統一的標準答案，最聰明的計畫會考量自身的相對優勢與劣勢。

專心做好一兩件事

有沒有聽過「帕列托法則」（Pareto principle）？義大利經濟學家帕列托觀察到，在19世紀的義大利，財富分配呈現值得留意的模式。此一法則在理查·柯克（Richard Koch）1998年寫下相關的暢銷書後，今日更常見的名字是「80/20法則」（80/20 principle）。此一法則的基本概念是大部分的「果」，來自小部分的「因」，關鍵在於抓住最重要的事。

傳統智慧告訴我們，碰到困難時堅持下去，吃苦耐勞，就會成功。那種說法是明智的忠告，但忽視了專注的重要性。柯克寫道：「很少有人認真看待目標，大家用普普通通的努力程度做太多事，未能集中心力做少數幾件重要的事。成就最高的人除了具備堅定的意志力，還懂得挑重要的事去做。」[47]

打造新產品時，主事者必須判斷哪些是不可或缺的功能，哪些則是「有的話也不錯」。成立新團隊時，在招募其他成員

前，要先找到負責帶團隊的領袖或「錨點」（anchor）。醫生判斷要先看急診室的哪位病患時，會把病患分類，先救狀況最緊急的人。排出優先順序是關鍵，也是基本的管理技巧。

排序的最佳方法，就是依據重要性來排你手中的任何清單。一定要排前面的事先做，然後才做剩下的事。舉例來說，如果你今天有五件待辦事項，按照重要程度排好，接著做完第一件事，才做第二件事。如果團隊這方面有三個目標，那就強迫自己回答：「如果只能完成一項目標，我會挑哪一個？」如果你要補五個人，把力氣用在最重要的那個職位。

苦勞不算數，功勞才有用。我是在進公司的第一週學到這件事。當時我聽到Facebook最受歡迎的產品的起源故事。2005年時，Facebook推出使用者可以上傳照片的功能，當時市面上有各式各樣任君挑選的照片分享服務，例如Flickr是最強的服務提供者，功能繁多，可以展示高解析度的美圖（包括全螢幕幻燈片模式）、依據「地點」或甚至是「顏色」搜尋照片、輕鬆預覽、鍵盤快速鍵等等，功能包羅萬象。

相較之下，Facebook最初的產品有夠陽春，只能上傳低解析度照片，展示圖很小，顆粒很粗，沒有方便的瀏覽捷徑，沒有搜尋功能，沒有全螢幕展示。Flickr的團隊大得多，已經投入數年歲月開發相關功能，Facebook的照片服務則是屈指

可數的幾名工程師幾個月內趕出來的。然而，Facebook團隊在最初推出照片服務時，有一個新奇的小功能：照片標註功能（tagging）。你可以註明某張照片上的人是你和朋友蘇珊，蘇珊會收到通知。被標記的照片會顯示在蘇珊的個人檔案上，其他的共同朋友也能看到。

照片標註功能十分強大，短短幾年內，Facebook就成為全球最受歡迎的照片分享服務。為什麼？因為個人照片最有價值的部分是照片上的人。多數家庭掛在牆上或擺在壁爐架上的照片，不是美麗或藝術感強的風景畫，而是**臉孔**——家人的肖像、婚禮照與畢業照、與親友共度快樂午後時光的回憶。標註功能讓出現在照片上的人不會錯過照片，他們的朋友也不會。對人們來說，這個簡單社交功能的價值，遠勝過其他數十種較不實用的功能。

賈伯斯（Steve Jobs）是蘋果的願景大師，也是iPod、iPhone、iPad之父。他講過一段話：「人們還以為，專注的意思是對該專注的事說YES，但其實根本不是那個意思。專注的意思，是對其他成千上萬的好點子說NO。你得小心選擇。事實上，我對於我已經做的事，以及我們沒去做的事，自豪的程度是一樣的。創新是對一千件事說NO。」[48]

分配好哪些事由誰負責

想像一下這種情況：有五個人正在腦力激盪，想辦法改善切換app功能時的順暢度。突然有一個絕妙的點子冒出來，大家拍案叫好，全場激動討論起來。

一個人大喊：「我們應該讓使用者可以用滑的來切換！」另一個人問：「可是使用者會發現這個功能嗎？」另一個人說：「我們來研究看看，看人們會怎麼做。」「好點子，可以跟珍講這件事，她的團隊一年前試過類似的功能，我們來問問看她當時的結果。」另一個人插嘴：「我不確定用滑的好不好──或許不錯，但你們考慮過浮動標籤了嗎？」大家七嘴八舌。

按照這樣的討論情形，你猜這個滑動功能的點子，接下來會發生什麼事？

最可能發生的情形，大概是什麼都不會發生。雖然有人提到應該做一下研究，跟珍談一談，沒人明確舉手去做那些事，那些事沒成為專案的「行動項目」（action item）。權責不清時，事情就會被遺忘。不只是會議有可能發生這種事，每次你寄電子郵件給一個以上的人，提到某件後續還得處理的事，收件人可能弄不清楚你究竟希望誰會去做那件事。每個人都會以為那是別人要負責的事。

講起來很丟臉，不過我花了很長的時間，才發現指定負責人很重要。就算大家都是最盡心盡力做事的人，模糊的職責定義會出問題。有一次，我找來團隊裡最能幹的兩位成員，告訴他們出現了具備挑戰性的新問題，請他們一起想辦法解決。我心想，他們兩個人的長處相輔相成，太完美了。

然而，他們兩個人對於該怎麼做，看法非常不一樣。我沒指定我希望他們該如何合作，也沒說誰有權力拍板定案，最後兩個人在原地繞圈子，兩個人都試圖說服對方，毫無進度可言。有了這次的經驗後，我學到愈清楚指定誰要負責，就愈不會發生誤解與模棱兩可。

如今回想起來，我應該一開始就清楚說出我的期待：「丹，我要你擬定選項；莎拉，麻煩你負責定義視覺語言好嗎？」或「你們兩個人各自試試看要怎麼設計。你們意見不同的地方，我們三個人一起討論，由我來做決定。」

把大目標拆成小目標

有沒有聽過「帕金森定律」（Parkinson's law）？這個定律來自20世紀的英國歷史學家與學者西里爾・帕金森（Cyril Parkinson）：「時間有多長，工作就會有多長。」[49]

我和出版團隊最初討論這本書的時間表時，雙方同意寫出初稿的合理時間是一年。我掛掉電話，自信滿滿，告訴自己：**一年綽綽有餘，我六個月就能完成第一版的草稿。**

你猜結果如何？一年後，我寄出甚至不算寫完的初稿，深感汗顏。在前九個月，我感覺時間還很多，也因此每當又有急事冒出來，或是我就是沒有寫作的心情，我告訴自己：**今天不寫，進度也不會差很多。**

要交第二版草稿時，我學聰明，沒把整本書當成交稿期限還有很久的單一龐大計畫，而是拆成幾部分，答應編輯我一星期會修好一章。

突然間，我的寫作紀律好很多。如果我想達成目標，就得一天晚上修改好兩頁的內容。定出這些小小的里程碑後，很容易就能看出，就算只偷懶一個晚上，事情就嚴重了，我將得補回來，才有辦法趕上進度。我遵守諾言，交第二版草稿時效率激增為三倍。

重要的事無法一夕之間完成。每個遠大的夢想，都是由數千個小小前進一步累積而成。Facebook最初問世時，唯一的功能只有填寫自我介紹，唯一能使用的地點只有哈佛大學。馬克‧祖克柏及其他創始人耗費一個星期又一個星期，一次把這個服務多拓展到一間學校，一次多加一種功能。

長跑的時候，如果只想著終點線，你會心生抗拒，感覺還有好多好多英里。你會懷疑今天所做的任何努力，真的會有差嗎？然而，如果你把計畫分成一小塊一小塊，專心抵達下一個里程碑，例如：完成手上目前的工作，替下一場會議做準備、校稿完兩頁等等，除了成功將變得觸手可及，你也會感受到火燒眉毛的急迫感。

把大計畫當成一連串的小計畫。舉例來說，如果你是蓋房子的建築師，第一個里程碑可能是丈量土地，得出最精確的資訊，了解地形、土壤情況、淹水風險等等。第二個里程碑是判斷房子要蓋在那塊地的哪個位置，第三個里程碑是找出需要哪些房間等等。

擔心眼前的事，不要擔心好幾個月、好幾年以後的事，接著和團隊一起替每一個里程碑，定出大膽但可行的目標日期。此時不要忘了，人會有「規劃的謬誤」（planning fallacy），[50]意思是我們天生傾向於過度樂觀，預估出來所需的時間與金錢，少於實際需要的量。所以記得要替突然冒出來的事留緩衝的空間。

從你的目標日期往回推，找出每週需要由誰做什麼。請大家定出自己的每週目標，而且要公開表明自己會完成——這麼做會增加責任感。此外，定期檢查進度也是維持動力的好方

法。我認識某個擅長運用這個方法的團隊，他們有時甚至每週開兩次會檢視進度，討論緊急的優先事項。

萬一你的團隊手中同時有好幾個不同的任務，那就依據重要程度排序——哪一些屬於「關鍵路徑」（critical path），哪些則是「有的話也不錯」？記得永遠先處理「關鍵路徑」。

帕金森定律有許多衍生的版本，我個人最喜歡馬克·郝斯曼（Mark Horstman）所說的「時間急迫時，我們會發揮潛力。」[51]我們永遠能把原本看似不可能的旅程，分成好幾天、幾英里的路，最後分成好幾步。踏出一步，再一步，再一步，最終成功登頂。

「完美執行」
比「完美策略」重要

我有一次聽同事說，她永遠認為「完美執行」比「完美策略」重要。差別在哪？如果策略不佳，你移動棋盤上的西洋棋時，的確將使自己暴露於攻擊之中。然而，如果執行有問題，你原本想「讓城堡移動到 E5」，卻會不小心變成「主教移動到

D10」，你開始用腳下棋，而不是用手。

如果無法確實照著計畫走，或是速度無法快到搶占先機，計畫再好也沒用。舉例來說，假設你有一顆能預知未來的水晶球，你明確知道哪一個新點子將能顛覆產業，但相較於競爭者，你的最終產品很慢才推出，bug又多，或是上市的速度不夠快，你還是會輸。

這個道理是同事瑞秋（化名）教我的。幾年前，我有機會觀摩瑞秋的做事方法。瑞秋和團隊用為期數週的短期衝刺循環，定出路線圖。瑞秋在第一週開三小時的腦力激盪會議。大家一邊吃著披薩，一邊提議目標，在白板上寫下專案點子。每個人投票給最喜歡的概念，接著繼續篩選出要執行的點子。

「可是等等。」我插話。我不覺得那些點子全都行得通，而且其中幾個如果要做得好，需要花好幾個月的時間，衝刺計畫給的時間不夠多。然而，瑞秋解釋：「我們可以繼續討論好幾個星期，看看究竟哪個點子最好，也或著我們可以直接**實際做做看**，用最快的速度找出答案。我們的目標是用簡單、可以得出確切答案的方法測試，找出哪些事應該多下一點功夫，哪些事則不要做了。如果某個點子可行，我們會在下一次的衝刺擴充。」

瑞秋這樣解釋後，我了解為什麼把「數週」當成單位很重

要。數週夠短，萬一任何一個點子失敗了，損失不會太大。此外，這是一種可重複的流程，長期下來能學到最多東西。

我們在職業生涯中，將犯下無數錯誤。最令人洩氣的錯誤，是沒能從中學到任何事的錯誤。什麼都沒學到，是因為不清楚問題究竟是出在策略，還是出在執行。

每一次有好劇本卻拍出爛電影、創新的企業輸給不那麼創新的對手，或是有很不會教書的天才教授，其實是「執行」的環節出了問題。

如果你無法讓計畫成真，就算有全世界最出色的計畫也沒用。好好執行的意思是說，你挑選合理的方向，接著快速前進，找出哪些事可行、哪些事不可行，加以調整，得出你想見到的結果。速度很重要——跑得快的人，就算拐錯幾個彎，依舊能打敗知道最短路線但跑得慢的人。

你可以利用以下幾個方法，判斷團隊的執行是否順暢：

◎ 排定計畫或任務的順序，從最重要排到最不重要。投注較多的時間與心力給排名在前面的事項。

◎ 具備有效的決策流程，每一個人都清楚這個流程，也信任這個流程。

◎ 團隊動作快，尤其是不要糾結於可以更改的決定。如同

亞馬遜執行長貝佐斯所言：「大多數的決定，大約握有七成左右的資訊就該做。如果等到有九成把握，大多已經太遲。」[52]

◎ 做出決定後，每一個人要齊心協力支持（其實就連不同意的人也一樣），快馬加鞭讓事情發生。沒出現新資訊的話，不質疑決定，不以拖待變，不扯後腿。

◎ 如果出現重要的新資訊，藉由變通的程序，檢視目前的計畫是否該跟著調整，又該如何調整。

◎ 每一項工作都指定**負責人**和**完成時間**，由負責人設定「專案承諾」（commitment），以可靠的方式交付。

◎ 團隊愈挫愈勇，隨時準備好學習。每一個錯誤都讓團隊變得更強，因為他們不會再犯同樣的錯誤。

衡量短期與長期效益

擅長讓事情發生的意思是掌握隔天、隔週、隔月的實際狀況，但也清楚下一個一年、三年、十年要把船駛到哪裡。

想必各位現在已經很清楚，管理是一門平衡的藝術。規劃與執行時，如果只想著接下來的三個月，就會出現短視近利的決定，未來會出問題。另一方面，如果永遠只想著幾年後的

事，每天的繁忙事務可能使你焦頭爛額。以下舉幾個常見的例子，說明太傾向任何一方會發生的事：

聘雇

情境：你需要替團隊的某個重要職務找人。

太從短期角度思考的風險：碰上第一個看起來還可以的人就錄取。這個人目前有辦法勝任工作，但無法跟著職務一起成長。一年後，你又會再次碰上需要替管理職徵人。

太從長期角度思考的風險：標準設得太高，幾乎不可能找到理想中的人選。每一個來應徵的人都被否決，六個月後還是沒找到人，人力不足造成團隊表現不佳。

規劃

情境：你是執行長，你的產業很競爭，你需要決定把資金投入哪一項計畫。

太從短期角度思考的風險：你短期內不想花錢，不做任何的未來投資（例如升級設備），對手卻砸錢投資，兩年內製造速度就快過你，成本也比你低。

太從長期角度思考的風險：你依據對於市場的了解，批准數個三年計畫，但一年後市場已經改變，你的計畫失去意義。

管理績效

情境：你煩惱目前負責X計畫的人做得不夠好。

太從短期角度思考的風險：你採取短期止血的方法，例如事事盯著你的部屬，或是有不夠好的地方，就自己跳下去做。兩種方法都無法持久。

太從長期角度思考的風險：你輔導部屬改善績效，但一段時間後才會出現成效，計畫砸鍋。

從以上幾個例子看得出來，不能永遠採取短期做法，也不能永遠採取長期做法。你做出的決定必須考量兩者的利弊，那麼要怎麼做才能抓到正確平衡？

立下長期願景，接著往回推

棒球明星尤吉·貝拉（Yogi Berra）說過：「如果你不知道自己要去哪裡，有可能誤入歧途。」[53]

Facebook的使命宣言是讓用戶有能力打造社群，讓這個世界更貼近彼此。這個宣言是公司的北極星，以千百種大大小小的方式，引導著每一個團隊決策。

2016年時，我們的設計團隊接下擴充「讚」按鈕的挑戰。

這個計畫直接源自我們聽到的使用者心聲：人們喜歡順手幫朋友的文章按讚，但告訴我們，不是他們在Facebook上讀到的每一件事都「很讚」。有的時候，朋友會分享自己一天過得不好，按讚的人想表達加油的心意；有的時候，他們讀到新聞，世界上某個角落發生了令人傷心或憤怒的事；有的時候，他們讀到非常驚人的事，希望能表達比「讚」更強烈的感受。

我們研究該如何擴充「按讚」功能時，很多人給了我們意見。最常見的建議是「你們為什麼不加上按『噓』的功能？」某件事「不讚」的時候，人們自然想到可以按「噓」。

我們的確考慮過按「噓」的點子，甚至提出過幾種版本的設計，但最後覺得不太妥當。如果要拉近人與人之間的距離，我們設計的體驗應該要能帶來同理心，按「噓」不符合這個標準，因為很容易產生誤解。如果你分享：「我今天晚上看了電影X，宣傳搞得很大，但沒有想像中好看。」接著我幫你的文章按「噓」，你該如何解讀我的「噓」？我也討厭那部電影？我噓你居然去看了電影X？我覺得電影X其實很好看，我噓你說那部電影的壞話？

我們決定多做一點研究，找出使用者真正想要的東西。我們詢問建議「我希望Facebook可以按噓」的人士，最後發現人們一般想表達幾種情緒——難過、憤怒、同情、訝異。我們

在按讚功能中納入那幾種情緒，再加上其他兩種最常見的感受（「大心」與「哈」），最後開發出除了大拇指向上的「讚」，還可以另外附帶的反應，讓人們得以快速表達各種情緒，但不會違背Facebook的宗旨。

我的上司克里斯經常提醒我們：「還沒決定好房子平面圖之前，就先設計廚房排水孔，不是好主意。」換句話說，要先從了解整體方向開始。你希望靠你做的事解決什麼問題？你希望你做出來的東西，將如何讓人們獲得價值？依據答案來判斷，團隊現在最該先做的事是什麼？

採取「組合法」

我最常被問到的管理問題是：「我手上有太多太多日常事務要做，如何才能擠出時間專注於長期的工作？」

這樣的問法，背後的假設是如果要替未來幾個月或幾年做計畫，就得犧牲掉短期的執行。

其實不一定要擇一。我某位同事的團隊管理策略和投資人很像。如同沒有任何理財顧問會建議你把所有的錢都押寶在同一種資產上，你也不該只制定一種時間長度的計畫。

我那位同事讓三分之一的團隊，處理幾週左右就得完成的

計畫。三分之一的團隊，處理為期數個月的中期計畫。剩下的三分之一成員，負責尚在早期階段、數年後才會出現成效的創新點子。

那位主管靠著組合式的做法，團隊既能持續改善核心功能，又能著眼於未來。過去十年，她的團隊紀錄證實這種策略有效，戰功彪炳，有能力不斷找到新機會，接著在三年間擴大規模。

說明每一件事與願景之間的關聯

如果你是大型組織的成員，你大概會有一個整體的最大願景，例如：「家家鍋裡都有雞」、「成為全球最以客為尊的企業」（亞馬遜的願景）、[54]「全美最成功、最受敬重的汽車公司」（美國豐田的願景）。[55]你的團隊扮演特定的角色，好讓願景成真，例如：研擬新的租稅方案、提供業界最佳的客戶服務、瞄準零生產錯誤。

達成團隊目標要花幾個月、幾年時間；完成組織的宏大目標，甚至可能需要數十年。然而，若能眾志成城，日常的戰略決定會更容易下，因為你有辦法這樣看事情：「哪一種選項會帶我們走向我們要的未來？」萬一大家不明白最重要的事是什

麼，不明就裡，就會產生衝突。

在Facebook的早期階段，曾有人拿十億美元要祖克柏賣掉公司。祖克柏今日回想起來，那是他當管理者最艱困的一段時期。他相信Facebook有辦法改變世界，但內外交迫——投資人、員工、導師，來自各方的壓力源源不絕，「幾乎每一個人都要我賣掉Facebook。」[56]祖克柏在2017年的哈佛大學畢業典禮致辭上提到：「如果沒有更遠大的目標，被收購即是新創公司的美夢成真。那次的出售機會讓我們的公司四分五裂。某次激烈的爭論過後，顧問告訴我，如果我不賣，我的餘生都會後悔這個決定。」

那是轉捩點。祖克柏決定不改初衷，繼續投資Facebook的未來。他拒絕了出售的機會，但那次的事讓他學到清楚溝通願景有多重要，你必須讓團隊的內心深處明白公司目標。

要注意的是，不要搞混「目標」與「你用來評估進展的方法」。舉例來說，如果你一心想提供業界最佳的顧客服務，你會追蹤的數據包括公司花多長的時間解決顧客抱怨。優秀的客服顯然與解決問題的速度有關，你給團隊設定的目標因此可能是「所有的顧客抱怨必須在三天內解決」。

三天期限是一個很好的目標，但不要忘了，那是用來象徵你真正在乎的事：**提供最佳的顧客服務**。如果團隊太執著於

這個特定的目標，最後可能造成客服人員匆忙結案，沒能顧及顧客真正要的東西。如果處理速度加快，服務品質卻下降，你不會離願景更近。

這就是為什麼一定要提醒人們真正重要的事。一遍又一遍形容你想見到的世界。試著把每一項工作、計畫、決定、目標，連結至組織的高階目標。每個人都懂組織的夢想後，團隊所做的事才會讓夢想成真。

理想的流程一直在變動

我最早學到與打造產品有關的事，尤其是數位產品，就是沒有「成品」這種東西。你釋出版本1.0，接著你學習，疊代，做出更理想的版本2.0或3.0。我在高中拿到人生第一支手機：一台袖珍的藍色Nokia 3310，日後又拿過無數版本的手機。同理，Facebook的動態消息自2006年推出後，我改過無數次的畫素。我們能做的事，只受限於我們的想像力。如果能有更遠大的夢想，就能拿出更佳的表現。

不只產品如此，流程也一樣，永遠要以更好的方式，打造前進的方式。

改善程序最實用的工具是聽取簡報（debrief，也稱為「回顧會議」〔retrospective〕或「事後檢討」〔postmortem〕），舉行的時間可以是專案完成時，或是每隔一段時間。發生任何預期之外的事件或失誤時，也可以召開。方法是召集團隊一、兩個小時，回顧發生的事。哪些地方順利？哪些地方不順利？下一次團隊要改變哪些做法？

　　檢討流程可以釐清事情，讓人受益。就算出現正面的結果，依舊可以從中學習（我們如何能把這次的最佳實務，用在其他計畫？）。萬一結果不理想，檢討可以避免未來再犯相同的錯誤。

　　檢討時間的目標不是判案，不要弄成像在審問一樣——那是破壞這個做法的美意最快的方法。把事後檢討當成替未來做好準備的機會，營造出令人安心的環境，讓大家能誠實檢討，開口說真話。盡量以客觀的方式陳述事實（「時間軸如下：10月20日，布萊恩與珍妮絲第一次討論這個計畫的可能性。11月16日，他們提案，獲准成立新團隊……」），用語要把事情當成大家共同的責任，不要抓戰犯（說：「我們的流程有問題……」，不要說：「萊斯利犯了一個錯……」）。此外，還要營造可以討論失誤、從錯誤中學習的氣氛。

　　做完回顧後，最好寫下心得，廣為分享。團隊如果能從自

己的成功與失誤中學習，那很好，還可以順便協助他人改善，或避免犯下類似的錯誤。組織能夠屹立不搖，靠的不是永遠不會犯錯，而是愈挫愈勇。

此外，愈挫愈勇靠的是建立可重複的最佳實務。在今日的世界，讓事情發生所需的功夫，大多異常複雜。只要想像班機起飛前需要完成的步驟就知道——飛完一趟後，必須先清理機艙，飛機要補充燃料，接著要讓乘客辦理報到，託運行李，完成安檢等等。全部的步驟都要記清楚已經很不容易，更別提當下才要臨時制定步驟。

不論是讓飛機起飛、接生早產兒、在場上推進美式足球，凡是複雜的事務都需要指南（playbook），依據目前的變數，清清楚楚、詳詳細細列出所有的正確步驟。

身為管理者，你的職責包含擬定各種指南：如何開團隊會議、如何招到新人、如何不爆預算準時完成計畫。如果你發現自己一遍又一遍做類似的事，大概有辦法寫成指導手冊或檢查表，確保未來能以更順暢的方式完成工作。這麼做還有一個額外的好處：以後你可以把指南交給別人學習與執行。

幾年前，我開始寄電子郵件給團隊，摘要我們每週的進度。一開始，這件事難度不大，我坐下，回想所有的專案，接著快速寫下所有重要的注意事項。

這種做法維持了一年左右，然而專案數目後來變成兩倍，接著又變成三倍，我的流程開始出現漏洞。每一個人正在進行的工作，我無法全部記得一清二楚。星期一早上時，就會有團隊成員傳訊息問我：「為什麼妳在每週的進度報告上，沒提到我的專案？妳認為那個專案不重要嗎？」

我變成大家無法精確追蹤進度的問題所在，所以我想出新點子：請團隊寄給我他們認為該在進度報告上強調的事項。試行後，我立刻感到肩膀卸下必須記住每一件事的重擔。我採取群眾外包，這下子就能好整以暇，等著電子郵件自己寫好。

只不過……事情沒那麼美好。大家的信紛紛湧進來，但因為寫的人不同，每個人的寫作風格大相逕庭，提供細節的程度也不一樣。我得擔任編輯，整理摘要，努力整理成像是同一個人寫的。有的時候，信上的細節寫得不清不楚，我還得寫信去問，一來一往改善內容。我的新程序解決了部分的重大問題，但又製造出新問題──我得花好長的時間整理每週的電子郵件匯報。

再來是第三階段：我發現相同的回饋，我得一給再給，所以我建立文件夾，命名為「如何繳交每週摘要的重點提示」，解釋寫每週摘要的目標、在文中提示重點的方法，以及寫作時該記住的小技巧。我和團隊成員分享那個文件夾。有新人加入

時，也會請他們參考。

　　第三階段的做法目前還過得去，不過一旦事情產生變化，即便是這麼小的流程也得持續跟著變。下一章會再詳談如何管理成長中的團隊。

　　本書是我個人指南的最新版本，整理出我在「管理」這個項目上，多年來碰過的滑鐵盧、成功與嘗試。我是在為各位寫作，但也是在為自己寫——好讓我記住自己犯過的錯，留下未來可以派上用場的心得。

　　希臘哲學家赫拉克利特（Heraclitus）說過：「沒有人能踏入同一條河兩次，因為河已經不是同一條河，人也已經不是同一個人。」[57]每一次的挑戰感覺就像是過這樣的河。你調查好墊腳石、流水、暗藏的漩渦，接著擬定好計畫，踏出邁向對岸的第一步。

　　穿越河流的過程中，你可能會腳滑，跌進水裡，得重新站起來。然而，一切順利的話，你最終會變聰明。記得要花時間回想學到的東西，思考下一次渡河該如何計畫。祝福各位下次半路上再碰到湍急的河水，將能大搖大擺順利通過。

Chapter 9

帶領成長中的團隊

避免這麼做

盡量這麼做

從前從前，我們草創團隊的人數少到一張會議桌就坐得下。每次有新的設計師加入都是頭等大事。大家興奮坐下，帶新人看我們的做事方法——我們的設計檔案擺在哪裡、有哪些可供下載的工具、需要參加哪些會議。我們很感激有人協助一起完成更多事。更棒的是，生力軍會帶來更多超能力，例如以銳利的雙眼檢視視覺圖，深入掌握人類心理動機，提出打破框架的點子等等。我們的互評小組會多拉一張椅子，多獲得一個觀點，依舊兩張披薩就能餵飽每一個人。

幾個月後，又有另一位新人加入，接著再一位，又一位。每一次，我們都會走過相同的流程——新面孔與超能力被引進目前的團隊與現有的流程。

直到有一天你醒來，發現原本的方式已經行不通了。

轉捩點發生在某天我走進互評會議，突然發現平日開會的會議室椅子再也不夠坐。椅子不夠本身不是大問題，幾位熱心的同仁立刻到外頭多拉幾張椅子進來。然而，我們問有誰要分享時，一共有十個人舉手。在過去，一次的互評會議要是能看完五、六個專案，就已經要謝天謝地！

也就是說，舉手要分享的人，有一半的人當天沒辦法報告。由於開互評會議的目的，就是在討論中聽見可靠的設計回饋，因此，我們的開會方式得做出改變。

此外，不只是互評會議而已。我們的團隊正在成長，需要支援，我每天的時間被壓縮得很緊。出乎意料的事愈來愈多，需要宣布的事項增多、需要追蹤的決定也變多。有一個模式不斷出現：我才剛想出更理想的流程，又有更多新人加入，齒輪再度卡住。維持效率的唯一辦法，就是不斷改變，不斷適應。

我剛當上主管時，團隊只有幾個人，接著人數多了一倍，接著每隔一兩年，人數又會再度翻倍。每次人數翻倍，我都感覺在做完全不一樣的工作。管理的核心原則沒變，但每天處理的事務變得相當不同。

你原本在第一線看著團隊工作，這下子變成居高臨下。設定願景、聘用主管、分配責任、管理溝通方式，成為更上一層樓的關鍵能力。本章會介紹你將見到的新風景，還會談如何轉換至新角色。

大團隊 VS. 小團隊

光速成長在矽谷幾乎是家常便飯。雄心萬丈的美夢太誘人，團隊以令人暈眩的速度擴張。徵人的頁面放出洋洋灑灑的職缺，人山人海的每週迎新會全是新面孔。你很容易感到唯一

不變的，就是忙亂之中一切永遠在變，每件事都得隨機應變。我告訴來應徵的人，這就是我熱愛這份工作的主要原因——每天都會冒出新挑戰，放眼望去全是學習的機會。

人們常問我，相較於剛接下管理職的時候，我的工作如今哪些地方變得不一樣。回想起來，最大的不同點在於管理小團隊和大團隊的差異。

從直接管理到間接管理

如果你管理的是五人團隊，你有辦法和每一個人都建立個人關係。你了解他們的工作細節，知道他們在意與擅長的事，甚至連下班後從事的嗜好也曉得。

如果是30人的團隊，你無法直接管理每一個人，或至少無法像管理五人那樣深入。如果每週都和每一位成員進行30分鐘的1：1會談，就至少需要花15小時——幾乎是一半的每週工時！再加上還需要追蹤1：1會談後採取的行動，你幾乎沒剩下任何時間做其他事。我的部屬超過八人時，我開始感到每天都沒時間好好支援每一個人，此外還得想著找人的事，維持高品質的設計成果，思考產品策略等等。

這就是為什麼成長團隊的管理者，最終將得雇用或培養手

底下的主管。然而如此一來，你將遠離第一線的同仁與工作。你依舊得替團隊的成果負責，但無法每一個細節全面參與到。人們將在沒有你的情況下做決定，做事方法有可能不同於你本人會採取的方法。

最初你會感到無所適從，就好像失去掌控權。然而，你一定得授權讓下面的主管去做事。管理大型團隊最大的挑戰，就是找到平衡，既得深入解決問題，又要信任其他同仁有辦法自己處理。接下來的章節會再談這個主題。

人們以不同方式待你

幾年前，我的團隊人數成長到不是每個人我都很熟。我參加了一場檢討會，有三位設計師簡報自己最新的設計。我以上司身分給出回饋，也請大家下週要開後續的追蹤檢討會。散會前，我問大家對我剛說的事有沒有意見或問題，每個人都搖頭。我離開會議時心想：太好了，這場會議很順利，而且生產力十足。

然而，當天與會的直屬部屬事後來找我，神情嚴肅地告訴我：「我和團隊聊了一下，他們不喜歡早上那場會議。」我還以為他在開玩笑：「真的嗎？為什麼？」他回答：「他們不認

同妳給的回饋。」我不敢置信：「那他們為什麼不告訴我？」我的部屬沉默了一會兒。「妳知道的，茉莉，妳現在算是大人物，他們不敢講。」

這還是第一次有人說我「算是大人物」，我腦筋一下子轉不過來。我到底什麼時候變成別人會怕的人？我一向自認很有親和力。

我後來發現，我怎麼看自己不重要。人們如果和你不熟，又覺得你位高權重，就比較不會告訴你壞消息。即使你鼓勵他們說實話，他們覺得你錯了的時候，也不會挑戰你，因為他們認為你才是有權做主的那個人，不想讓你失望，或是不想在你心中留下壞印象。有時則是他們不想打擾你，也因此發生問題沒告訴你，怕占用你的時間。

記得留意自己與他人的互動是否出現這樣的情形：你的建議是否被當成命令？你的提問是否被視為批評？你是否以為天下太平，但只是因為大家報喜不報憂？

幸好，有一些方法可以讓人更敢告訴你實話。別忘了強調你歡迎大家提出不同看法，獎勵勇於直言的人。自己做錯時就承認，提醒團隊你也是凡人，跟大家一樣，可能發生失誤。發言時，鼓勵大家討論：「我有可能完全弄錯，所以不同意的地方請告訴我。我的看法是……」也可以直接請大家提供建議：

「如果你們是我，碰上這種情形會怎麼做？」

每天隨時都得轉換心境

當年我帶領小團隊時，許許多多的下午時光，是和幾位設計師坐在白板前，專注於探索新點子，渾然忘我，一眨眼，好幾個小時過去了。

然而，團隊人數開始成長後，我能夠長時間專注於單一主題的能力減弱。人手變多，代表我們有辦法處理更多專案，我的時間連帶被分割得愈來愈碎。收件匣裡的十封電子郵件，一共是十個完全不同的主題。一個接著一個的會議，讓我必須立刻忘掉上一秒的討論，替下一場的討論做好心理準備。

我未能迅速切換到新情境時會分心，應接不暇，一下想著這件事，一下想著那件事，聽簡報時走神，嘀咕**每天都像是一星期那麼長**。

漸漸的，我明白**這就是**我的工作。我負責的專案數量變成兩倍、三倍、四倍後，我的切換速度也得跟上。我發現有幾招可以幫忙，包括每天早上檢視當天行程、替每一場會議做好準備、摸索出一套可靠的筆記與任務管理方法、在每週的尾聲進行回顧。在某些日子，我依舊無法集中注意力，但已經習慣隨

時都會有十幾件不同的事同時進行——有的大、有的小、有的出乎意料——身為大型團隊的管理者，你得學著適應。

挑選自己要投入的戰役

我還在管理小型團隊時，有時能夠闔上筆電，走出辦公室，已經沒事情等著我去做——收件匣清空了，待辦事項都劃掉了，沒有特別需要我處理的事。然而，歸我管的事愈來愈多後，這樣的日子愈來愈少，接著完全消失。

說到底，這是一場數字遊戲。由你負責的事愈多，顧此失彼的機率就更高，例如：專案有可能沒趕上進度、冒出需要澄清的誤解、人們得不到需要的協助等等。我在任何時候都能列出數十個可以努力改進的地方。

你只是一個普通人，時間有限，無法什麼都做，所以一定要排出優先順序。哪些事最重要，該費心思去做？何時則該劃清界限？你不可能追求完美。我花了好久的時間才適應，真的只能精挑細選最重要的事，不能讓無窮的可能性壓垮自己。

關鍵技能愈來愈與「人」有關

我聽說某位執行長像玩大風吹一樣，讓高階主管團隊每幾年就交換職務。我懷疑這件事的真實性，它感覺只是用來說明職場同理心很重要的虛構故事。說真的，銷售主管怎麼可能知道如何管理好工程組織，財務長如何也會是好的銷售長？

然而，今日我不再像當年一樣，認為高階主管交換職務是天方夜譚。團隊成長後，主管平日的工作重點，不再是他們的專長領域的特定技能，更重要的任務是讓自己帶的團隊拿出好表現。舉例來說，沒有任何執行長同時又是銷售專家、又是設計專家、又是工程專家、又是公關專家、又是財務專家、也是人資專家。執行長肩負的任務，其實是打造與領導同時具備所有功能的組織。

不論是哪個領域，愈高階的管理工作，工作內容其實很類似。成不成功愈來愈要看是否掌握幾項關鍵能力，包括任命出色的主管、打造自立自強的團隊、提出明確的願景與擅長溝通。

授權的程度不好拿捏

我感到帶領團隊成長時，最大的喜悅是看著團隊的整體能力，遠超過單一成員單打獨鬥能做到的事。然而另一方面，最困難的部分是學著有效授權。我認為有效授權的定義是「一門藝術，知道何時該自己跳下去做，何時又該放手信任他人」。授權就像是蒙著眼走鋼索，很難維持兩者之間的平衡。

主管太事事插手，或是太什麼都讓部屬去做，就會變成情境喜劇裡的笑料人物：過度插手的話，你會變成所謂的「微觀管理者」（micromanager），部屬做的每一件事都得經過你的裁決，你隨時都在檢查大家的進度，要人們報告近況，小事都要管，例如：**約翰改好上次的報告了沒？中國那批貨什麼時候會運到？我不喜歡這個包裝上藍色的深淺度**。人人都知道，你沒事就走向大家的辦公桌座位，站在他們後方，評論他們螢幕上的內容。

這種管理法就算有用，你的風格會令人感到窒息。人才會離去，他們受不了和你一起工作，感覺不到你信任他們，缺乏喘息的空間。此外，他們沒機會學習，因為你不給他們自行解決問題的機會。人們謠傳你真正想要的是一支服從你命令的機器人軍隊。

另一種極端則是什麼都不管，放牛吃草。有的部屬喜歡工作時沒人干擾，但大部分的員工會感到孤立無援。你的團隊覺得身處拓荒時代的美國西部，鎮上沒警長，人人目無法紀。

你不動手，很少捲起袖子親自做事。你不做困難的決定，也不搶先推動事務，逐漸失去領袖的信譽，因為……你不太管事。你的部屬學不到東西，你沒指導他們，也沒挑戰他們。人們私底下在講，你根本不是真正的主管，尸位素餐。

當然，在真實世界，很少人完全符合這兩種極端，但我們通常會因為自身的價值觀，管理方式傾向於其中一種。舉例來說，我剛當上主管時屬於放牛吃草型，因為我自己不喜歡上司每件事都要管我。然而，我的部屬給我的回饋是希望我多參與一點，結果我矯枉過正，他們又說：「等等，太多了！」

此外，另一種常見的狀況是由於每位團隊成員狀況不同，我們的管理風格在不同事情上顯得過於偏向某一端，例如曾經在同一週內，部屬A說我對於某個設計細節過於堅持己見，部屬B則希望我對另一個專案的策略多用點心。每個人的需求不一樣——部屬A對手上的工作有信心，所以覺得我礙手礙腳。部屬B沒自信，所以希望我多幫點忙。

在事情發生的當下，不一定會知道是否做到平衡。我曾經碰過的情形是我放手讓大家去做，心想：*這邊很順利，我可*

以去關注別的事。接著幾星期後，才發現安排得不夠妥當，先前應該多留意一點細節。

究竟該放多少權很難拿捏，不過接下來會探討幾個基本原則。

委以重任象徵著信任

小時候，奶奶很寵我，什麼事都搶著幫我做。我如果冬天出門玩，奶奶會抓著毛衣跑出來，喊著我的名字，要我多加件衣服。我放學回家時，奶奶會準備好一盤精緻點心等著我。我費力做一些小事時，例如打不開麥克筆的盒子、下一片拼圖不知道要拼在哪、拿架子高處的書等等，奶奶就會立刻放下手邊的事衝過來，說著：「我來，我來。」

一方面，我知道奶奶這麼做是因為她很愛我，希望我人生一切都很順遂。但另一方面，我希望奶奶不要管我。我們祖孫今日笑著回憶，小時候她如果像神仙教母一樣出現，拿食物給我吃，拿衣服給我穿，或是要幫我做事，我會吼她：「走開！不要幫我！」我想要奶奶的愛和支持，但我和所有的孩子一樣渴望獨立，我想要有自由，用自己的方式做事。

我小時候是這樣長大，你會以為我應該更懂得授權才對，但正好相反。我還以為那是**壞心的**主管才那麼做，把難題丟給部屬。我想像那種主管什麼都不做，早上打完高爾夫後啜飲美酒。在我心中，優秀的主管就和我奶奶一樣 —— 一肩扛起團隊最大的重擔，不讓底下的人煩惱。

　　這樣的思考方式犯了兩種錯誤。第一點是你高估自己身為管理者能做到的事。你的確可能有能力解決各式各樣的問題，但你只有一個人，無法**事事**都自己來。你應該授權給有時間高度重視此次問題的成員，他們會想辦法找出最佳的解決之道。

　　第二個錯誤是假設沒有人想接手難題。事實上，最能幹的員工不會希望得到特殊待遇，不會想要你交給他們「好做的」專案。他們**渴望**挑戰。你願意把棘手難題交給部屬，代表你十分信任他們。雖然你不確定該用什麼方法解決，你相信問題交給他們將迎刃而解。

　　當然，關鍵在於你得**真的**相信某位部屬有能力解決問題。如果你有信心，那就把問題交給她，後退一步讓她有指揮的空間，告訴其他每一個人，現在由她來做主。這樣做可以帶來責任感，不過更重要的是公開授權後，部屬才叫得動人。舉例來說，要是執行長指定員工伊蓮負責管理公司財務，伊蓮要能管好財務的話，將需要每個人都遵守她擬定的預算，還提供她需

要的財務資料。想一想哪種情況伊蓮會比較好做事？是執行長告訴全公司：「伊蓮是我們的財務長。」還是私底下要伊蓮管錢，但沒讓其他任何一個人知道？

把難題交給成員，不代表拍拍屁股一走了之。如同你不會把剛學游泳的人丟進池子的深水區，然後就跑去吃甜點，你也不該讓部屬自生自滅。你的部屬現在是船長，但你和他一起待在船上。你要替他加油打氣，有必要就協助他，輔助他，讓他能安全、順利地駛向目的地。

不同層級的
主管要統一願景

我剛接下管理職的時候，還以為凡事都得鉅細靡遺，掌握得一清二楚，才可能當好主管。要不然如何能做出恰當的決策，給出有用的回饋？我要求部屬在1：1時間報告近況，檢視最新設計，討論目前的產品，設定下一個設計任務的時間表與期待。

1：1時間永遠不夠談完我想談的一切。我後來才明白，出

於種種原因，用1：1時間了解現況是不佳的管理做法。1：1時間的主角不是上司，應該用來協助部屬才對。此外，希望掌控部屬每日工作的一切細節，將是不切實際的期待，尤其是如果你的團隊正在成長，在你團隊之下的經理自己都得同時應付數不清的責任。

你**應該**做的是達成共識，找出哪些事最重要。歷史學家哈拉瑞（Yuval Noah Harari）在暢銷書《人類大歷史》（*Sapiens*）中提出一個理論，他認為人類這個物種能成為萬物之靈，原因在於人類的特點是能夠分享心中共同的願景，就連素不相識的人也能合作。哈拉瑞表示：「我們能掌控世界，基本上是因為我們是唯一能成群結隊視情況合作的動物。」[58]

創造共同的願景，讓大家一起為重要的事努力，方法是問自己兩件事。一、我們的團隊目前最重要的優先事項是什麼？二、和部屬提起那些優先事項，討論他們該如何扮演自己的角色。舉例來說，如果公司正在執行新策略，那就談為什麼會有這個策略，你的團隊將如何受到影響。同樣的，如果即將來臨的上市活動讓你夜不成眠，你和部屬應該討論每個人可以如何做好自己的工作，確保事事順利。

弄清楚最重要的事之後，問自己第二個問題：**我們對於人事、目的、流程的看法一致嗎**？

繼續深入挖掘下去，你的部屬是否知道，你認為凝聚團隊最重要的事是什麼？你旗下的主管是否了解，你希望他們以什麼方式指導下級？他們的團隊成員中，哪些人表現傑出，哪些人不符合期待，你們雙方的看法是否一致？

　　有一次，在某次的檢討會議上，我和幾位同仁一起向上級克里斯報告專案近況。我們帶來的消息很不妙——近日的產品上市表現不如預期，團隊感到精疲力竭。我們做好被罵的心理準備，心緒不寧走進會議室，準備談目前的情勢。然而，克里斯沒斥責我們，他說：「發生了很多事，但我最想知道的是團隊。我們是否感到指派正確的人解決正確的問題？」克里斯的提問讓我們豁然開朗，他提醒了我們最重要的事：人比計畫重要——優秀團隊是優良表現的先決條件。

　　除了人事，你和部屬也應該統一你們為何而戰，你們想成功的事是一樣的。據說《小王子》的作者聖修伯里（Antoine de Saint-Exupéry）講過一段話：「如果你想打造一條船，你該做的不是召集眾人蒐集木材，下令分工合作，而是讓大家嚮往廣闊無際的大海。」

　　本週的工作、會議、電子郵件，將一點一滴消失在時間的長流。一切的一切，背後的宏大目標是什麼？你每天早上為什麼起床工作？如果你的團隊達成目標，世界將有哪裡不同？隨

時和你的部屬談目標，讓每個人腦海中有清楚的景象。願景清楚了，自然知道該採取哪些行動。

最後，你的部屬是否替自己帶的團隊建立了良好流程？不論是建議該如何推銷新點子、溝通重要新消息的最佳方式，或是討論開會時該做／不該做的事——我底下的主管告訴我，每當我們探討事情的最佳做法時，讓他們感覺到那是在好好運用時間。

底下的主管表現不佳時
該怎麼辦

萬一你的下級主管表現不符合期待，該怎麼辦？你可能會想：**我的工作是支持部屬，協助他們度過難關。**沒錯，畢竟我們剛剛才談到放手讓旗下主管解決難題的重要性。如果要做到完美才算達標，大家會連試都不肯試。授權時，你要明白部屬就跟你一樣，人都會犯錯，免不了碰上懷疑自己的時刻，此時最好的做法通常是相信他們。

然而，該怎麼處理的完整答案有例外。管理者的職責是替

團隊帶來正向的乘數效應。管理者沒做到這點時，團隊將付出高昂的代價，例如經理如果在錯誤的時機介入，計畫將曠日廢時；主管做出錯誤判斷時，將拖累計畫的成效；上司讓下級得不到需要的協助時，眾人將怨聲載道。

主管即便沒讓團隊扣分，依舊可能拖累團隊，例如他們可能有能力救火，但沒能讓團隊更未雨綢繆；他們在人力不足時補到人，但沒吸引到最優秀的人才；你旗下的主管需要得到更多指導才會更懂得帶人，但你沒那麼多時間。

快速擴張規模的企業經常為了解決新挑戰，一夕之間組成新團隊。那種團隊最初人數少、臨時成軍，所有被派去管理的人，只需要監督少數幾個人與一兩個試行看看的計畫。

時間快轉到兩三年後，聰明的點子、工作勤奮的成員，再加上機運，有的冒險一試的計畫一飛沖天，背後的團隊跟著急速成長。最初的管理者雖然把早期的團隊帶領得很好，因為成員數暴增，他們的能力顯得捉襟見肘。原本順利航行的船隻，如今感覺在驚濤駭浪之中起起伏伏。

碰上這種情形時，我左右為難。我當然對旗下的主管有信心。即便他們有必要改善某些能力，但我知道他們最終會撐過去。我自己也經歷過狂風暴雨的時刻，成長心態理論指出只要有意願、肯努力，一段時間後，不論什麼事，任何人都有辦法

進步。然而問題是要花多久的時間？團隊又將受到什麼樣的影響？

我有一次和部屬拉菲爾（化名）一起走過那樣的問題，我最後聽從英特爾創始人葛洛夫的智慧：「我曾有部屬做不好，同仁的反應是『他得犯過錯，才能夠學習！』問題在於那位部屬的學費是顧客付的，絕對不該那樣。」[59]

葛洛夫提醒了我，管理的最終目標是**得出更理想的結果**。有人不適任的時候，就會有成本。你要如何支付那個成本？由你做出困難的決定？還是你要讓其他的團隊成員和顧客付出代價？

朋友教我另一種下決定的思考方法。他問：「假設現在這個職缺在徵人，你會雇用目前的主管？也或者你會放手一搏，換人試試看？」

這個問題讓我得以專心思考真正重要的事。原本煩惱著無數細節，像是拉菲爾會有什麼感受？我是否沒給他足夠的回饋？其他每一個人會連帶受到哪些影響？然而，最重要的問題卻是：**什麼能讓團隊在接下來幾年更成功？**

接下來那星期，我和拉菲爾坐下來談，告知我感到他應該卸下目前的職務。那場對話很棘手，但現在回想起來，我知道那是正確決定。新經理帶領大型團隊的經驗豐富許多，他像個

曾經環遊世界各地、身經百戰的船長，悠閒走向船舵，把船駛離風暴。才交接幾個月，團隊就站穩腳步，工作表現改善。

做出改變很難，但相信自己的直覺吧。如果這個職位在徵人，你會再度雇用同一個人嗎？如果不會，那就做該做的事。

努力讓自己「沒工作」

我所認識最優秀的主管全都同意一件事：讓傑出團隊成長的意思是你不斷想辦法取代自己，讓別人來做你目前正在做的工作。

舉例來說，你目前負責解決問題X，你可以找別人或訓練其他人，讓他們做得更你一樣好（理想上最好能**超越你**），你的團隊整體而言將更能幹，你個人也將得以接下更多挑戰。我一個朋友歸納成簡單的經驗法則：「盡量讓你的領導能力每年都能翻倍。」

這種事理論上聽起來很不錯，但實際做起來相當不容易，因為人性會讓我們捨不得放下目前做的事。我們可能真心熱愛做那件事，也或者是喜歡自己很擅長那件事的掌控感。

以前每個星期一，我會開一場全公司都參加的設計會議。

我是在團隊還很迷你的時候想出那個點子，所以有辦法自己定議程，自己當主持人。我對這個每週儀式深感自豪，所有的設計師齊聚一堂，聆聽最新消息，參觀令人振奮的設計成果，歡迎新成員加入團隊。此外，老實講，以主事者身分看著自己的努力開花結果，那種感覺真是太棒了。

然而，擔任管理者的目的，不是滿足你個人的自尊心，而是為了改善團隊的表現。早期的時候，我發現我們需要打造社群，向彼此學習，所以主動召開這個每週會議，沒有其他人會去做這件事。然而幾年後，情況產生變化，團隊裡現在多了很多新主管，他們全都能主持這場會議。

我後來是在偶然的機會下，才把這個會議交給別人主持。我請育嬰假的時候，請幾位團隊同仁在我不在時代替我。等我休完假回公司，開會情況比我主持的時候還理想。報告人做了更充分的準備，簡報內容更有條理，就連迎新活動都感覺變得更有趣。

我就是在那個時候發現自己做錯了，我早該把這個會議交給其他人主持。我覺得非我不可，是因為那已經成為一種習慣，甚至是我的自我認同的一部分。然而，我不在的時候，接手的同仁帶來新氣象，興奮接受挑戰。放手後，我也有更多精力能用在其他的優先事項，這是多贏的局面。

授權的經驗法則是把時間精力用在兩件事的交會處：一、對組織來說最重要的事；二、你做得比其他所有人好的事。

用這個原則來推論，你就會知道哪些事應該交出去：答案是你的部屬能做得跟你一樣好、甚至是超越你的事。

先前有幾位部屬向我建議，我們應該多做一點強化團隊關係的事。他們發現大家每天出家門後趕著上班，匆匆忙忙從一場會議趕到下一場會議，同事彼此之間不是很認識。我們能不能多做點什麼凝聚向心力？要不要辦點活動，例如中午聚餐、舉行展示簡報的學習時間或導師聚會？我覺得全部的建議都很不賴，但這方面不是我的強項（我訂婚後，未婚夫發現籌辦社交活動是我在世上最不喜歡的活動，例如準備婚禮）。

幸好，團隊裡的其他人正好相反，當初提起這件事的經理是社交高手，熱愛交新朋友，也喜歡呼朋引伴，所以我請他負責找出我們該舉辦的活動。他提議每個月舉辦一次「星期三之夜」，這個活動大受歡迎，後來不只是我們的團隊會參加，甚至成為地方設計社群的固定聚會。

至於你做的比部屬好的事，除非那屬於「最重要的優先要務」，或是你不認為部屬有辦法成功，否則依舊應該盡量交出去，過程中要提供培訓。舉例來說，我因為當了比較久的主管，相較於團隊中的新手經理，我比較擅長棘手對話。那代表

每當有人需要聽見不好開口的事，都該由我出馬去講嗎？絕對不是。比較理想的做法是每個人都逐漸改善給回饋的能力，大家一起進步。

這是一個典型的「短期VS.長期利弊」的例子。如果部屬通報你隨手就能解決的問題，你會很想脫口而出：「我來。」然而，如同諺語所言：給一個人魚吃，只能餵飽他一天，教會他捕魚將餵飽他一生。

哪些事則不該要其他人做？想一想組織的優先要務，唯有你能帶來的獨特價值是什麼？有的價值源自你的個人長處。舉例來說，我擅長寫作，也因此多年來，從寫下職涯手冊與面試指南，一直到依據團隊打造產品時學到的心得，寫下內部備忘錄，利用寫作技能協助團隊製作文件，分享價值。同仁A是營運專家，也因此我們設計團隊的複雜流程，大多由A負責，例如聘雇方面的事務。此外，我的上司克里斯是我見過最能激勵人心的講者，也因此迎新活動上，由他第一個出面歡迎新員工，講解Facebook的使命與價值觀。

除了你的個人超能力，還有幾件事落在「對組織來說重要」與「你能增添獨特價值」的交會點：

找出重要的事，讓大家知道：你的職責橫跨的範圍比眾人

廣，也因此你能在五花八門的事務之中，看出部屬看不見的模式。

幾年前，我發現我們近日推出的設計中，某些元素的用途是一樣的，但實際做出來的外觀和用法，卻不太一致，例如產品某部分的按鈕是深黑色長方形，其他地方卻是淺藍色的圓形。「上一步」的按鈕有的時候在頁面上方，有時卻在底部。這一類的不一致讓用戶感到產品不好用，因為無法預測模式。我發現這件事之後，召集團隊整理出共用的設計模式庫，所有人設計時使用相同的元素。我們的團隊愈變愈大後，這個模式庫跟著成為愈來愈重要的工具，大家能以統一的快步調做事。

找到頂尖人才：由於潛在的人選一般都有興趣和高階主管聊，你找到人才與把握住他們的機會比別人多。我平日會參加產業活動，在大會上演講，吸引更多人加入我們的團隊。我告訴部屬，如果他們心中有感到興奮的人選，我很願意寄信給對方，在電話上和他們聊一聊。我有想招收的人才時，我的上司也會替我做這件事。不論你是執行長或前線經理，打造優秀團隊是你最重要的任務。

化解團隊裡的衝突：想像現在有兩個不同的專案，分別由你的兩個部屬管理，兩個專案都人手不足。現在有一個新人加入你的團隊，你會把他分給哪個專案？

你不能要兩個部屬自己講好後，向你提議要把新人分給誰，因為他們兩個人的高度都不足以看見事情的全貌，不曉得最重要的事是什麼。他們將浪費時間試圖說服彼此，解釋為什麼自己的專案真的需要新人支援。這個決定該由你來下。一定要讓底下的主管知道，每當兩個目標起衝突，或是不清楚優先順序，一定要立刻讓你這個上級知道。

有一次，我分享永遠都要想辦法讓自己「沒工作」的哲學，一位部屬發問：「可是，如果**真的**把每一件事都分出去，這樣難道不是在架空自己？你對公司來說不就沒價值了嗎？」

問得非常好。我以前也問過那個問題。我反問提問的人：「如果你把自己今日所做的所有工作，全部分配給其他人，你覺得就會天下太平，再也沒有問題需要你解決了嗎？」

我今日所做的工作，非常不同於剛起步的時候。每次我把一部分的工作分出去，就會冒出更多的事。只要你持續被目標激勵，希望團隊做到目前還做不到的事，地平線上還有新挑戰，你就有機會發揮更多影響力。新冒出來的事，通常是你還不是很擅長的事，也因此相較於你分配出去的已經很擅長的工作，你會感到不安。

然而，你的團隊人數與能力正在成長，身為團隊的管理者也必須成長，跟上團隊的腳步。不斷努力讓其他人代替你做

事，是在製造你和部屬都能成長的良機。眼前是一座更高大的山，比上一座更嚇人。每一個人繼續努力攀爬，眾志成城，一起征服更遠大的目標。

Chapter ⑩

培養文化

避免這麼做

盡量這麼做

我問應徵者有沒有問題要問的時候，不可避免會聊到文化：「你們的團隊獨特的地方在哪裡？」「你們的工作最棒和最糟的地方是什麼？」「你們如何做決定？」「如果你能改變公司的一件事，那會是什麼？」

　　我欽佩的主管有一次告訴我，了解組織文化最好的辦法，不是公司網站上寫的東西，而是要看那間企業為了堅守價值觀願意放棄什麼，例如許多團隊說自己重視讓員工全權處理問題，沒人會承認：「事實上，我們喜歡把責任推到別人身上，出問題就找代罪羔羊。」

　　然而，讓每個人負起全責有利有弊。你是否願意容忍混亂，允許每個人朝自認最好的方向前進？有人挑戰你做出的決定時，你有容忍異議的雅量嗎？不是你本人直接犯的錯，你也願意承擔責任嗎？Facebook園區的各角落都貼著一張海報，上頭寫著一句話：**在Facebook沒有任何事是別人的事**（Nothing at Facebook Is Somebody Else's Problem.）。

　　某年夏天，一名新來的實習生不小心把錯誤加進程式碼，Facebook的服務因而當機。所有人焦頭爛額，忙著修補錯誤，我剛好瞄到那名實習生面如死灰，他一定在想自己會被開除。

　　那名實習生最後沒被取消實習資格。他的主管向大家道歉沒把人教好，其他工程師也負起責任，說自己沒事先找到錯

誤。整個團隊接著開事後檢討會，找出怎麼會出這種包，日後將採取哪些預防措施，以免再度出現類似的問題。

文化是主導著做事方法的行為準則與價值觀。有一次，我輔導的主管分享三年來的工作心得：「一開始，我以為管理的意思是協助部屬。」他說，「我努力建立最好的一對一關係，但我現在明白那樣還不夠，因為事情不只涉及**我**和團隊之間的關係，還要看成員彼此之間的關係，以及整體的團隊關係。」

你管理的人愈來愈多後，你將承擔起更大的形塑文化的責任。不要低估自己的影響力。即便你不是執行長，你的行為依舊會強化公司的價值觀。接下來將帶大家了解如何建立令人自豪的文化。

找出你想成為
哪種團隊的一分子

團隊的文化就像人的性格，不論你是否特別留意，它們就是存在。不論是氣氛劍拔弩張，成員並未協助彼此；或是每次想做什麼，都得花很長的時間；大家整天吵吵鬧鬧等等，如果

你不滿意團隊的合作方式，那就檢視為什麼會這樣，想一想可以怎麼做。

還記得本書Chapter 5〈管理自己〉提到的練習嗎？那個練習要你寫下自己的優點、成長領域和抱負，接下來我們要替團隊做同樣的練習，關鍵是找出「你的團隊擅長的事」與「你希望團隊重視的事」兩者有交集的地方。挪出一小時左右的時間，拿支筆，寫下以下題目的答案：

了解你目前的團隊

◎ 形容團隊的個性時，你最先想到哪三個形容詞？

◎ 哪些時刻使你自豪能身為這個團隊的一員？為什麼？

◎ 你的團隊有那些地方勝過其他絕大多數的團隊？

◎ 如果隨機挑團隊裡的五個人，一個一個問：「我們的團隊價值是什麼？」你會聽到什麼答案？

◎ 你的團隊的文化，有多近似組織的整體文化？

◎ 想像有一名記者在調查你的團隊，他會說你的團隊哪裡做得好、哪裡做得不好？

◎ 人們抱怨事情的處理方式時，他們最常提到的三件事是什麼？

了解你渴望擁有的文化

◎ 外面的人觀察你的團隊文化後，你會希望他們用哪五個
形容詞來描述？為什麼你挑了那些答案？

◎ 現在想像那五個形容詞是雙面刃。你認為要是嚴格遵守
那五項特質，將出現什麼陷阱？你能接受可能出現的問
題嗎？

◎ 列出其他團隊或組織令你見賢思齊的文化。你為什麼欣
賞那些事？那個團隊因此必須容忍哪些缺點？

◎ 列出其他團隊或公司出現的你不想模仿的文化。為什麼
你不欣賞？

找出差異

◎ 從一分到九分，九分是「我們100％做到了」，一分是
「我們的團隊正好相反」，你目前的團隊有多接近你希
望塑造的文化？

◎ 哪些事既是團隊的優點，也是你高度重視的特質？

◎ 目前的團隊文化和你希望見到的文化，兩者之間最大的
差距是什麼？

◎ 哪些事妨礙你完成想做的事？你將如何處理？

◎ 想像你希望團隊一年後會出現的面貌。你要如何向部屬說明，你希望哪些事情能和現在不一樣？

依據你的權限而定，有的理想可以實現，有的則不切實際。舉例來說，如果你希望團隊能百分百專注，完全不受干擾，你會希望他們的辦公區位於僻靜的角落，避免與其他團隊互動，然而公司整體而言重視開放與合作，那麼你難以如願以償。

即便如此，次文化依舊可能在大型組織內欣欣向榮，例如Facebook的成長團隊重視精確的數據，基礎設施工程團隊以著眼於長期著稱，我們設計團隊則重視替問題找到全面的解決方案。

一旦找出你想培養的團隊價值觀後，下一步是擬定方案，讓相關價值觀產生影響。

重要的事
可以隨時提醒沒關係

　　我剛開始當主管的時候，還以為講重複的話不好。如果一樣的事一講再講，團隊會覺得煩，甚至覺得我把他們當小孩。

　　雪柔·桑德伯格讓我明白其實不是那樣的。幾年前，雪柔開始在公司推廣困難對話的重要性，鼓勵大家每當感到與同仁出現緊張關係，例如：同事老是惹惱我們、雙方對某個重要決策的看法不同、對方似乎不用腦袋做事等等，此時應該坐下來，開門見山談造成關係緊繃的問題，因為如果不把話講開，事情不會改善，只會滋生怨恨。

　　我想不起來雪柔究竟是從什麼時候開始談棘手對話，那正是重點。她有可能是在全公司都出席的會議上第一次提到，或是在Q&A時間，或是在她家舉辦的晚宴。雪柔會請過去一個月碰過困難對話的人舉手，接著告訴我們她的故事，談自己近期碰過的難開口的事。

　　由於雪柔由衷相信「困難對話」（hard conversation）是健康公司文化的關鍵，這幾個字成為Facebook的日常用語。一直到了今日，每當我感到心中不舒服，例如某個誤解持續太久、

我關切某個策略、我覺得有同仁在生我的氣等等，我都會想起雪柔，接著挺起肩膀，邀請當事人促膝長談。

你如果重視一件事，該講就要講，告訴人們為什麼你感到重要。你想讓人們記住的話，就應該以十種不同的方式，讓他們聽見十次。你愈能號召其他人一起把你的訊息傳出去，就愈可能產生影響力。

我近日經常思考該如何溝通自己關心的事，也嘗試過各種不同的做法，例如：在1：1對話中說出我的心事、寫電子郵件給我的主管談我對本週的想法、寄信給全部人員談我們的第一優先要務，或是在現場Q&A時間談我們的工作情形。

我發現我愈常熱情地談到我感到重要的事，包括我自己做錯的地方與我學到的心得，團隊的反應就愈正面。會有人寫信告訴我：「我也關心那件事，我能幫忙嗎？」我聽見其他人強調一樣的心得，還協助彼此改變行為。即便有的人不同意我的看法，公開討論能讓每一個人了解相關主題。

我大聲說出我關心的事之後，沒有任何人，一次都沒有，沒人感到厭煩或認為我高高在上，大家都是給正面的回饋——談論你的價值觀會讓你顯得真誠，更能號召眾人一起行動。

永遠身體力行

　　人們會密切觀察上司，找出團隊真正的價值觀與常態做法。我們的雷達很靈敏，留意在上位者何時說一套、做一套。一旦發現，信任感會瞬間消失。舉例來說：

◎ 經理要求團隊把公司的錢花在刀口上，自己的辦公室卻花大筆鈔票買豪華辦公桌和沙發。

◎ 如果會議開始後，部屬才抵達，某位主管會生氣，但她自己卻任何事都遲到五分鐘。

◎ 主管說希望聽到團隊更多元的觀點，但只有應聲蟲能升官。

◎ 上司說最重要的目標是營造支持員工的工作環境，但她自己動不動就對屬下發脾氣。

◎ 執行長說公司的目標是為社會使命努力，但他的決策都像在炒短線。

　　如果你不願意為了你口中的理念改變自身行為，那就乾脆不要提。

　　我自己碰過很糗的事才學到這一課。有一次，部屬在一

對一時間問我，她想加快學習的腳步，不曉得最好的方法是什麼。她的眼睛閃閃發亮，看起來下定決心一定會做到，就算要上山下海都會克服阻礙。我很高興她問了那個問題，告訴她方法是「請大家給你回饋」，接著在剩下的一對一時間，大談我認為回饋有多麼重要，建議她可以如何積極取得大家的意見。除了互評會議，還可以把設計拿給信任的同事看，或是在檢討會議結束後，請大家用幾句話簡單評論她的表現。我侃侃而談，這位提問的同仁點頭如搗蒜。

由於她看起來躍躍欲試，我還以為她會立刻嘗試我建議的方法，請我和其他人多提供一些回饋，然而一切一如往常，什麼事都沒變。

幾星期過後，全部的人進行360度評估。這位發問的部屬很直接地提出給我的回饋，先是講了一些很好的建議，例如可以如何強化溝通和排出優先順序等等，最後在結尾的部分讓我一槍斃命：「妳很少請我或團隊裡的其他人給妳回饋，妳這方面如果能多加強一點，那就太好了。」

這個建議讓我深深反省自己，我發現自己雖然大談請人提供回饋意見的重要性，卻沒身體力行，而這位員工注意到了！我得到教訓，決心要在這方面多下一點功夫，直到養成習慣。

如果你號稱你重視某件事，希望團隊裡的其他人一起努力，那就搶著第一個示範，否則不必訝異沒有任何人響應。

製造正確誘因

假設你的確言行一致，那麼所有你希望建立的文化都會成真，對吧？其實光是你一個人做到還不夠，一定要依據團隊的價值觀有功就賞，有過則罰。

萬一誘因並未帶來理想結果，例如你很在乎一切要公開透明，團隊卻認為最好還是隱瞞你重要資訊，此時需要深入挖掘究竟是什麼事造成他們那樣想。你的團隊讚揚哪些行為或結果？禁止哪些事？

有時就連最良善的出發點，也可能帶來效果不佳的誘因。幾年前，我發現在設計互評會議上，多數人都只會替問題提出一種可能的設計。這不是好現象，因為最佳的解決辦法通常來自嘗試不同的點子。如果認定第一個想到的點子就已經「夠好」，大概會錯過更好的選項。

接下來那週，我因此請每個人要替手上的設計問題，至少探索三種可能性。我還以為這是鼓勵大家發揮創意的好辦法，

等不及要開下一次的互評會議。

然而，再次開會時，第一位上場簡報的設計師給大家看一個簡單的廣告，介紹公司即將推出的新功能。他說：「這是我想出的點子。」接著給了一張圖，旁邊寫了一些字，想知道詳情的使用者可以按下藍色按鈕。眾人點頭——這個設計還可以。「接下來我會給大家看其他的版本，因為我們被要求至少給三種選項。」那位設計師接著給大家看更多廣告，但都是一模一樣的東西，只是文字和圖擺的地方不一樣，還有按鈕換了顏色而已，每一個版本顯然都比第一個糟。「為什麼這裡是橘色的按鈕，我們的網站不都是用藍色的按鈕？」有人發問，「這個設計感覺上莫名其妙。」

互評會議繼續開下去，但顯然我要大家「探索三種可能性」是莫名其妙的規定。的確有幾位設計師提出五花八門的有趣點子，但其他人敷衍了事，只是為了提出三種而提出三種，並未以興奮的心情探索新選項，除了讓自己白忙一場，也浪費所有人的時間。

我聽過其他領域也有類似的故事，問題都出在給錯誘因，例如工程領域的著名例子是追蹤程式的行數，獎勵寫出最多行的工程師。乍聽之下，這是合理的做法：**可以鼓勵每個人努力工作，用更快的速度寫出程式！**然而，真正的結果卻是大

家紛紛灌水，複製貼上，不再努力寫出簡潔優雅的程式。類似的例子還有用字數付作家稿酬。如果長篇小說永遠是較為優秀的作品，這麼做還有道理，但擅長寫短篇故事的美國作家海明威，大概會有不同看法。

我近日很小心那種乍聽之下很簡單、理論上可以帶來理想結果的誘因。誘因很少簡單，通常都有副作用。更好的做法通常是開誠布公討論，談大家應該重視哪些事與背後的**原因**。為什麼我們該在初期探索更多設計？為什麼應該提升工程速度？人們了解並接受相關的價值觀後，就更能想辦法應用。

以下是其他常見的誘因陷阱，小心別掉下去了：

獎勵個人表現，勝過獎勵其他任何事：你想想，如果銷售團隊聽到公司說：「沒有什麼會比達到你的個人業績目標還重要。」此時團隊成員有兩種達標的方法，一種是簡單的壓低價格，一種是困難的談成新生意。按照誘因來看，削價競爭對銷售人員較為有利。

獎勵短期投資勝過長期投資：想一想，如果工程團隊的獎金每六個月發一次，金額是看他們開發出來的新功能數量，此時經理必須決定，看是要一股腦大量做出沒什麼用的功能，或是想辦法開發顧客最常詢問的功能。然而，顧客要的那種功

能，需要一年才做得出來。按照誘因來看，經理應該開發無關緊要的功能。

獎勵表面上的萬事太平或和諧相處：想像一下，如果經理不斷誇獎團隊裡的每一個人都相處得十分融洽，每當有人提出不同的看法，他都當成「小事」，或是不滿為什麼會有問題，團隊將開始裝沒事，但愈來愈討厭彼此，暗地裡較勁。

會吵的孩子有糖吃：想像一下，某位主管的部屬到別間公司面試，拿到更高的薪水，回來告訴經理，如果公司不幫她加薪，她要跳槽。經理答應了。消息一傳出去，突然間團隊裡的其他人都覺得自己也該到別的地方面試。

若要找出誘因陷阱，接著加以解決，方法是定期反省「你提出的價值觀」與「團隊成員的實際作為」的差別。為什麼他們決定那樣做？如果不確定答案是什麼，那就開口問：**為什麼你選擇打造這五種功能，而不是顧客要的那種功能？**如果你最後發現主要是結構性的問題，那就改變誘因，獎勵正確的行為。

如果不是結構性的問題，但有人做的事違反你的價值觀，你依舊一定得採取行動，例如：你希望培養團隊互敬互重的氣氛。有一天，你聽見有人對著隊友咆哮難聽的話，如果你此時

什麼都不做，大家會默認你容忍這種行為。你當下就該紓解緊張的情緒，要大吼大叫的人冷靜，或是協助他們先離開現場，事後私下讓他們了解那樣的行為不對。

當部屬秉持團隊價值觀的精神，選了不好走的那條路，此時應該加以表揚，例如：出於道德考量，不做某筆好賺的生意；開除業績好但破壞團隊精神的明星員工；明白坦承自己犯了錯等等。你要讚揚他們，你明白下那樣的決定不容易，感謝他們做了正確的事。

建立宣揚
你的價值觀的傳統

我進入Facebook不久後，決定中午和一群工程師一起吃飯。走近時，大家正在熱烈爭辯一件事，其中一個人提出某個新功能，他確信那個點子絕對能改變世界，其他人則不這麼認為，吐他槽：「再過一百萬年，我也不會用那種功能。」我坐下時，提出點子的人問我：「茱莉，妳怎麼看？」六個人轉頭看我。「嗯……」我喝了一口湯，想著該怎麼回答才能全身而

退。我根本不清楚前因後果，不想成為決定性的一票。

　　幸好有人跳出來：「我看你乾脆就把這個功能做出來給大家看看怎麼樣？」「沒錯！」另一個聲音附和，「在下一次的駭客松做！」

　　我得知**駭客松**是Facebook的著名傳統，大家到場專心在數小時內，替自己興奮的點子打造出原型。不論是獨自參賽或是幾個人一組，你可以打造出你認為對公司有利的東西。駭客松以超high的氣氛出名，通常會一直持續到凌晨，直到你能揮手要同事過來，參觀你腦中的點子成真的樣子。

　　駭客松帶來幾項著名的成功產品，包括Facebook的聊天（chat）和影片（video）等等。不過除此之外，駭客松還以有趣的方式凝聚眾人，實現「大膽進取」（Be Bold）與「迅速行動」（Move Fast）這兩項Facebook最早期的價值觀。

　　儀式帶有力量，除了口號與演講之外，儀式提供了凝聚團隊成員的活動，有可能獨樹一幟又好玩，就跟你的團隊一樣。

　　我喜歡了解不同團隊如何以各種傳統宣揚價值觀，例如以下幾個例子：

◎ 開會前聊一聊個人故事（例如：「小時候最喜歡的電影」、「聖誕節收過最棒的禮物」），讓大家更了解自

己的隊友。

◎ 每個月舉辦「繪畫／雕塑／手工藝學習之夜」，刺激創意，保持初學者心態。

◎ 過去一個月最熱心協助顧客的員工，可以獲得一隻塞滿「顧客的愛」的超大泰迪熊。

◎ 每年舉辦有如奧斯卡獎的頒獎儀式，表揚在各方面表現傑出的同事。

◎ 星期一早上做提升正念的瑜伽。

◎ 提供「本週失敗全記錄」園地，大家在論壇安心分享自己犯下的錯誤，鼓勵拿出真誠的態度，從錯誤中學習。

我們的創辦人馬克·祖克柏連續十多年在星期五下午，舉辦內部的Q&A時間。公司裡任何人想問什麼都可以，馬克會誠實回答，包括Facebook未來的方向、馬克近日的決定、公司政策，甚至是馬克如何看近日的新聞。有的問題極為直接，例如：「X似乎是個糟糕的點子，為什麼我們要做？」

在Facebook這麼大型的企業，有數千人想要搶奪執行長的時間，但馬克依舊每週站在全公司前面，談人們想知道的事。為什麼？因為Facebook最重要的價值觀是開放。如果執行長不以身作則，有誰會相信這個價值觀很重要？

你擔任領導者的時候，培養文化可能不是你心中最重要的事。你可能想著你希望帶給世界的改變，計畫著達成目標的主要策略。然而，成敗通常不會是幾個全面性的決定所帶來的結果。你能走多遠，將是你團隊聚沙成塔、積少成多的結果。每個人如何對待彼此？你們如何一起解決問題？為了實現你的價值觀，你願意犧牲什麼？

記得留意自身的行為 —— 你說的小事、你做的小事。此外，也要留意你獎勵或阻止哪些行為。一切的一切加在一起，代表著你在乎的事，以及你心中優秀團隊的合作方式。

迷思

真相

結語

這趟旅程才完成 1%

　　我回頭看目前為止的管理之旅，感覺像是小朋友試著畫出一條直線——歪七扭八，跌跌撞撞。有無數的時候，我回頭看會心驚，想起自己是怎麼處理事情，嘗到青澀之苦，但也充滿初生之犢不畏虎的勇氣。

　　我曾在深夜時刻，在聊天室爭論著瑣碎到不可思議的問題，打出的字在螢幕上閃爍，我血壓升高，心跳愈來愈急促。有時在一對一時間，雙方堅持己見，聽不進任何話，水火不容。有時在會議上，我癱坐在椅子裡，悶悶不樂，覺得自己是對的，其他每一個人都是錯的。人們在我面前淚崩，我結結巴巴像個壞掉的機器人。曾經有好幾個月，我無法直視上司的眼睛，害怕自己也會哭出來。

　　在太多時候，我感到自己經驗不足，缺乏遠見，同理心不足，不夠有決心，也不夠有耐心。計畫跌跌撞撞，產生誤會，

我在乎的人失望離去。

然而，我很幸運。我在全球最有活力的環境下，在這個時代最優秀的領導者的指導之下，學習如何管理。主管相信我，同事教我如何努力求進步，團隊鼓舞了我。

如果你在Facebook辦公室四處走一走，你會發現沒有一道牆是留白的。天花板是開放式的，尚未完工，管線外露。我們的空間擺滿代表公司文化的藝術與藝術品。宣傳下回駭客松的傳單、公司最新數據中心的照片，各式各樣的物品提醒著「大膽進取」與「在Facebook沒有任何事是別人的事」等Facebook式的精神。我最喜歡的一張海報，寫著大大的橘色大寫字母。我家的書桌上也擺著一個迷你版本：**這趟旅程才完成1%**。

我知道十年後再度回顧時，將發現今日所在的旅程，依舊充滿曲折，有太多東西要學，離自己理想中的管理者依舊差得很遠。然而只要有成長型的心態，假以時日，我會學會前方等著的課程。

最近和一位剛進公司的新經理進行一對一會談，我們談她這幾星期的觀察——踏進新環境的挑戰、這個地方和她上一份工作的差異、有機會做有意義的工作等等，接著她說出我這輩子聽過最好的讚美：「妳打造出優秀的團隊，我很興奮能成為一分子。」

看著一群人齊心協力工作是十分美好的景象。團隊順利運轉時，事情不再分彼此。你感受到數百或甚至數千顆心臟和頭腦帶著活力，在共同價值觀的指引下，一起為相同的目標努力。你也盡力做好，我也盡力做好，團隊就會欣欣向榮，每位成員都貢獻一分力量，打造出超越自身的崇高事物。

　　祝福各位一路順風。去吧，和你的團隊一起打造出理想的世界。

謝辭

　　凡是大型的旅程，皆為團隊努力的成果，本書也不例外。若是沒有史蒂芬妮・弗瑞里（Stephanie Frerich）與莉婭・卓伯特（Leah Trouwborst），少了他們自第一通電話撒下的種子，這整件事不可能成真。謝謝你們自第一天起便熱情洋溢，協助我找到靈感，知道該寫下哪些內容，也相信現在就該寫（而不是等到二十年後）。你們的聲音協助我找出內心的聲音，你們堅定不移地支持我，讓我能夠一路走下去。

　　我要感謝麗莎・迪夢娜（Lisa DiMona）指引我這個第一次出書的人。早在多年前，我們兩個人尚未認識之前，作家之家（Writers House）就是我心目中的夢幻經紀公司，妳是最堅強的後盾。

　　丹・麥克金（Dan McGinn）——你貢獻太寶貴的編輯功力、深度研究的技巧與寫作建議。在我們的合作過程中，我從你身上學到許多事，對於管理有了進一步的認識。謝謝你永遠盯著我的進度，直到大功告成。

　　帕羅・史丹利（Pablo Stanley）——我一直好喜歡你的漫

畫，很高興這本書能一起合作。因為你的緣故，現在每當我想起典型的「管理者」，腦中都會浮現一隻長頸鹿。還有金柏麗‧葛萊德（Kimberly Glyder），萬分感謝妳以優雅的風格（在一堆嚴格的限制之下！）設計出原文書的美麗封面。

感謝我親愛的朋友與最早的讀者：羅倫‧陸克（Lauren Luk），感謝你要我扔掉我的科技業行話，也感謝我們的印度舞休息時間。安哈利‧胡拉娜（Anjali Khurana），感謝妳的貼心紙條（跟著妳的貼心糕餅一起出現）。本書提到的流行文化都有你的貢獻。Marie Lu，我相當確定要不是因為我們從小一起長大，一起冒險，我今日不會寫作，也不會是設計師。謝謝妳提供了書名與各種好建議，刪掉我至今都覺得古怪的句子。

回饋意見是一種禮物，我深深感謝每一位大方評論本書早期草稿的人士：查理‧蘇頓（Charlie Sutton），你睿智的體裁建議與提出建議的熱心，我將永誌不忘；麥特‧凱利（Matt Kelly），我喜歡見面後你寄來的信，溫柔提醒我不該忘記的事；傑森‧賴魯伯（Jason Leimgruber），你的細心程度無人能及，我等不及要接受挑戰，努力做到你的建議；愛妮塔‧帕沃汗‧巴特勒（Anita Patwardhan Butler），妳協助我釐清極度重要的概念；莫內塔‧何‧庫希納（Moneta Ho Kushner），這本書因為妳變得更犀利、更精確；瑪麗琳恩‧威廉斯（Mary-Lynne

Williams），我們兩個人都討厭歪歪扭扭的線，也因此感謝妳建議以更好的方式表達；圖蒂‧泰格里（Tutti Taygerly），謝謝你協助我了解英文沒有「期待的」（expectational）這個詞彙；雀兒喜‧克魯卡（Chelsea Klukas），謝謝妳探究問題；凱夏‧譚（Kaisha Hom），你的訊息讓我晚上用模糊的視線校稿時，臉上露出微笑；威爾‧盧本（Will Ruben）與凱莉‧史懷哲（Callie Schweitzer），你們最後的建議真是一針見血。

我要感謝Facebook過去與現在的同仁：公司是一群人的組合。過去十二年來，我萬分榮幸能與你們肩並肩工作。尤其要感謝給了我機會踏上這條路的張韋恩（Wayne Chang）——謝謝你的大學大道（University Ave.）團隊團結一致的故事，你隨時推陳出新，擁有遠大夢想，和你在一起樂趣無窮。謝謝你當了超級招募人員與超超級好友；瑞貝卡‧考克斯，謝謝妳願意給無名的年輕設計師一個機會，當我堅強的後盾，讓我有機會學習；凱特‧亞羅維滋，妳教了我無數東西，不過最重要的是妳讓我明白，設計與管理最後永遠要回到「人」；克里斯‧考克斯，謝謝你做的每一件事都深深充滿對於人的關懷；你一遍又一遍讓我了解，好永遠可以更好；威爾‧凱卡特（Will Cathcart），你幽默風趣又謙虛，擁有過人的凝聚團隊的能力，謝謝你替大家釐清重要的事。

　　我也要特別感謝過去這些年密切合作的朋友與同事，我從你們身上學到太多太多：Tom Alison、Kang-Xin Jin、Fidji Simo、Adam Mosseri、Chandra Narayanan、Ronan Bradley、Annette Reavis、Deborah Liu、Jennifer Dulski、John Hegeman、Rushabh Doshi、David Ginsberg——我永遠感嘆你們的超能力，很榮幸能成為你們的一員。史黛西‧馬卡席（Stacy McCarthy），謝謝妳協助我找回自己。Robyn Morris、Drew Hamlin、Margaret Stewart、Luke Woods、Jessica Watson、Austin Bales、John Evans、Joey Flynn、Francis Luu、Geoff Teehan、Amanda Linden、Jon Lax、David Gillis、Alex Cornell、Caitlin Winner、Nathan Borror、Laura Javier、Nan Gao、Aaron Sittig、Brandon Walkin、Mike Matas、Sharon Matas、Christopher Clare、Dantley Davis——你們讓我成為更優秀的設計師與管理者。Andrew Bosworth、Alex Schultz、Mark Rabkin、Naomi Gleit、Caryn Marooney、Javier Olivan、Ami Vora、Kevin Systrom、Mike Krieger、Mike Schroepfer——你們帶來的對話、評論與榜樣示範了強大的領導力。雪柔‧桑德伯格，謝謝妳示範如何以堅毅的精神與深度的人際關懷，永遠以真誠的態度領導。馬克‧祖克柏，謝謝你教會我要有遠大夢想，懷疑所有假設，把目光放得很遠、很遠。

　　我要感謝過去與今日的團隊：你們是最優秀的老師，謝謝

你們描繪出願景，致力於提升品質。我的每一天都被你們的精神感召，你們努力照顧到成千上萬的細節，盡力提供第一流的用戶體驗，拉近人與人之間的距離。

最後我要感謝我的家人：麥克，你是我在這個世上最喜歡的人，謝謝你在我需要安靜寫書的週末，帶著我們的孩子探索無數遊樂場（以及愛爾蘭慶典！）；爸，謝謝你讓我和你一樣愛上書本，也謝謝你不管我寫下什麼都以我為榮，連我小學三年級那些糟糕的作文你都支持；媽，因為妳熱愛每一個世人，我也熱愛每一個人。謝謝妳在每個星期六吃完午餐後，告訴我家族的故事，在故事中偷偷塞進同理心的重要性，那是妳教我的最重要的事。最後，我要大聲對我的孩子說謝謝，他們忍耐大量「媽咪要用電腦的時間」。我愛你們勝過一切，我希望有一天你們會用得到這本書。

注解

Chapter 1 什麼是管理？

1　Andrew S. Grove, *High Output Management* (New York: Vintage Books, 2015), 17.

2　Diane Coutu, "Why Teams Don't Work," *Harvard Business Review*, May 2009, https://hbr.org/2009/05/why-teams-dont-work.

3　J. Richard Hackman, *Leading Teams: Setting the Stage for Great Performances* (Boston: Harvard Business School, 2002), ix.

4　A. H. Maslow, "A Theory of Human Motivation," *Psychological Review* 50, no. 4 (1943): 370–96.

5　John Rampton, "23 of the Most Amazingly Successful Introverts in History," *Inc.*, July 20, 2015, https://www.inc.com/john-rampton/23-amazingly-successful-introverts-throughout-history.html.

6　Simon Sinek, *Leaders Eat Last* (New York: Portfolio, 2017), 83.

Chapter 3 帶領小型團隊

7　Grove, *High Output Management*, 157.

8　Anton Chekhov, *The Greatest Works of Anton Chekhov* (Prague: e-artnow ebooks, 2015).

9　亦見：Mark Rabkin, "The Art of the Awkward 1:1," *Medium*, November 1, 2016, accessed March 9, 2018, https://medium.com/@mrabkin/the-art-of-the-awkward-1-1-f4e1dcbd1c5c.

10　Brené Brown, *Daring Greatly: How the Courage to Be Vulnerable Transforms the Way We Live, Love, Parent, and Lead* (New York: Penguin

Random House, 2015), 37.

11 Marcus Buckingham, "What Great Managers Do," *Harvard Business Review*, March 2005, https://hbr.org/2005/03/what-great-managers-do.

12 Robert I. Sutton, *The No Asshole Rule: Building a Civilized Workplace and Surviving One That Isn't* (New York: Business Plus, 2010), 9.

13 Jack Welch, *Jack: Straight from the Gut* (New York: Warner Books, 2001), 161–62.

14 Vivian Giang, "Why We Need to Stop Thinking of Getting Fired as a Bad Thing," *Fast Company*, March 16, 2016, https://www.fastcompany.com/3057796/why-we-need-to-stop-thinking-of-getting-fired-as-a-bad-thing.

Chapter 4　提供回饋的技巧

15 Harvard Business Review, *HBR Guide to Delivering Effective Feedback* (Boston: Harvard Business Review Press, 2016), 11.

16 Kim Scott, *Radical Candor: Be a Kick-Ass Boss without Losing Your Humanity* (New York: St. Martin's Press, 2017), xi.

Chapter 5　管理自己

17 Linda A. Hill, "Becoming the Boss," *Harvard Business Review*, January 2007, https://hbr.org/2007/01/becoming-the-boss.

18 Justin Kruger and David Dunning, "Unskilled and Unaware of It: How Difficulties in Recognizing One's Own Incompetence Lead to Inflated Self-Assessments," *Journal of Personality and Social Psychology*, American Psychological Association 77 (6): 1121–34.

19 Carol Dweck, *Mindset: The New Psychology of Success* (New York: Random House, 2006).

20 Alan Richardson, "Mental Practice: A Review and Discussion Part I," *Research Quarterly*, American Association for Health, Physical Education and Recreation 38, no. 1 (1967).

21 Guang H. Yue and Kelly J. Cole, "Strength Increases from the Motor Program: Comparison of Training with Maximal Voluntary and Imagined Muscle," *Journal of Neurophysiology* 67, no. 5 (1992): 1114–23.

22 Jack Nicklaus with Ken Bowden, *Golf My Way: The Instructional Classic, Revised and Updated* (London: Simon & Schuster, 2005), 79.

23 Reese Witherspoon, "Reese Witherspoon Shares Her Lean In Story," Lean In, accessed March 12, 2018, https://leanin.org/stories/reese-witherspoon.

24 Linda Farris Kurtz, "Mutual Aid for Affective Disorders: The Manic Depressive and Depressive Association," *American Journal of Orthopsychiatry* 58, no. 1 (1988): 152–55.

25 Robert A. Emmons, *Thanks! How Practicing Gratitude Can Make You Happier* (Boston: Houghton Mifflin, 2008), 27–35.

26 Reg Talbot, Cary Cooper, and Steve Barrow, "Creativity and Stress," *Creativity and Innovation Management* 1, no. 4 (1992): 183–93.

27 Karen Weintraub, "How Creativity Can Help Reduce Stress," *Boston Globe*, April 24, 2014, https://www.bostonglobe.com/lifestyle/health-wellness/2015/04/24/how-creativity-can-help-reduce-stress/iEJta3lapaaFxZY6wfv5UK/story.html.

28 Giada Di Stefano, Francesca Gino, Gary P. Pisano, and Bradley

R. Staats, "Making Experience Count: The Role of Reflection in Individual Learning," Harvard Business School NOM Unit Working Paper No. 14-093; Harvard Business School Technology & Operations Mgt. Unit Working Paper No. 14-093; HEC Paris Research Paper No. SPE-20161181, June 14, 2016.

29 Oriana Bandiera, Luigi Guiso, Andrea Prat, and Raffaella Sadun, "What Do CEOs Do?," No. 11-081, Harvard Business School Working Paper, February 25, 2011, https://hbswk.hbs.edu/item/what-do-ceos-do.

Chapter 6　精彩會議

30 Michael Mankins, "This Weekly Meeting Took Up 300,000 Hours a Year," *Harvard Business Review*, April 29, 2014, https://hbr.org/2014/04/how-a-weekly-meeting-took-up-300000-hours-a-year.

31 Leo Tolstoy, *Anna Karenina* (New York: Random House, 2000).

32 Jeff Bezos, "2016 Letter to Shareholders," *About Amazon* (blog), Amazon.com, April 17, 2017, https://www.amazon.com/p/feature/z6o9g6sysxur57t.

33 Tomas Chamorro-Premuzic, "Why Group Brainstorming Is a Waste of Time," *Harvard Business Review*, March 25, 2015, https://hbr.org/2015/03/why-group-brainstorming-is-a-waste-of-time.

34 Leslie A. Perlow, Constance Noonan Hadley, and Eunice Eun, "Stop the Meeting Madness," *Harvard Business Review*, July/August 2017, https://hbr.org/2017/07/stop-the-meeting-madness.

35 Nale Lehmann-Willenbrock, Steven G. Rogelberg, Joseph A. Allen, and John E. Kello, "The Critical Importance of Meetings to Leader and Organizational Success: Evidence-Based Insights and Implications for

Key Stakeholders," *Organizational Dynamics* 47, no. 1 (2017): 32–36.

Chapter 7　雇用正確人選

36　Patty McCord, "How to Hire," *Harvard Business Review*, January/ February 2018, https://hbr.org/2018/01/how-to-hire.

37　Adam Bryant, "In Head-Hunting, Big Data May Not Be Such a Big Deal," *New York Times*, June 19, 2013.

38　Claudia Goldin and Cecilia Rouse, "Orchestrating Impartiality: The Impact of 'Blind' Auditions on Female Musicians," *American Economic Review* 90, no. 4 (2000): 715–41.

39　Bryant, "Head-Hunting."

40　Kevin Ryan, "Gilt Groupe's CEO on Building a Team of A Players," *Harvard Business Review*, January 2012, https://hbr.org/2012/01/gilt-groupes-ceo-on-building-a-team-of-a-players.

41　Vivian Hunt, Dennis Layton, and Sara Prince, "Diversity Matters," McKinsey & Company, February 2, 2015, https://assets.mckinsey. com/~/media/857F440109AA 4D13A54D9C496D86ED58.ashx.

42　Credit Suisse Research Institute, *Gender Diversity and Corporate Performance*, 2012.

43　Katherine W. Phillips, Katie A. Liljenquist, and Margaret A. Neale, "Is the Pain Worth the Gain? The Advantages and Liabilities of Agreeing with Socially Distinct Newcomers," *Personality and Social Psychology Bulletin* 35, no. 3 (2009): 336–50.

44　"'Give Away Your Legos' and Other Commandments for Scaling Startups," *First Round Review*, http://firstround.com/review/give-away-your-legos-and-other-commandments-for-scaling-startups.

Chapter 8　讓事情發生

45　Paul Dickson, *Words from the White House: Words and Phrases Coined or Popularized by America's Presidents* (New York: Walker & Company, 2013), 43.

46　William M. Blair, "President Draws Planning Moral: Recalls Army Days to Show Value of Preparedness in Time of Crisis," *New York Times,* November 15, 1957, https://www.nytimes.com/1957/11/15/archives/ president-draws-planning-moral-recalls-army-days-to-show-value-of. html.

47　Richard Koch, *The 80/20 Principle: The Secret to Achieving More with Less* (New York: Currency, 1998), 145.

48　"America's Most Admired Companies: Steve Jobs Speaks Out," *Fortune*, March 7, 2008, http://archive.fortune.com/galleries/2008/ fortune/0803/gallery.jobsqna.fortune/6.html.

49　Cyril Northcote Parkinson, "Parkinson's Law," *Economist*, November 19, 1955, https://www.economist.com/news/1955/11/19/parkinsons- law.

50　Daniel Kahneman and Amos Tversky, "Intuitive Prediction: Biases and Corrective Procedures," *TIMS Studies in Management Science* 12 (1979): 313–27.

51　Mark Horstman and Michael Auzenne, "Horstman's Law of Project Management," Manager Tools, accessed March 18, 2018, https://www. manager-tools.com/2009/01/horstman's-law-project-management- part-1-hall-fame-guidance.

52　Bezos, "2016 Letter to Shareholders."

53　Matt Bonesteel, "The Best Things Yogi Berra Ever Said," *Washington*

Post, September 24, 2015, https://www.washingtonpost.com/news/early-lead/wp/2015/09/23/the-best-things-yogi-berra-ever-said.

54 Patrick Hull, "Be Visionary. Think Big.," *Forbes*, December 19, 2012, accessed March 18, 2018, https://www.forbes.com/sites/patrickhull/2012/12/19/be-visionary-think-big/#ee5d8723c175.

55 "What Are Toyota's Mission and Vision Statements?," FAQs: Frequently Asked Questions for All Things Toyota, Toyota, accessed March 18, 2018, http://toyota.custhelp.com/app/answers/detail/a_id/7654/~/what-are-toyotas-mission-and-vision-statements%3F.

56 Mark Zuckerberg, "Mark Zuckerberg's Commencement Address at Harvard," Address, Harvard 366th Commencement Address, Cambridge, MA, May 25, 2017, https://news.harvard.edu/gazette/story/2017/05/mark-zuckerbergs-speech-as-written-for-harvards-class-of-2017.

57 Heraclitus, *Fragments*, trans. Brooks Haxton (New York: Penguin Classics, 2003).

Chapter 9 帶領成長中的團隊

58 Yuval Noah Harari, interview by Arun Rath, *All Things Considered*, February 7, 2015, https://www.npr.org/2015/02/07/383276672/from-hunter-gatherers-to-space-explorers-a-70-000-year-story.

59 Grove, *High Output Management*, 177.

當上主管後，難道只能默默崩潰？：Facebook產品設計副總打造和諧團隊的領導之路／卓茉莉（Julie Zhuo）著；許恬寧譯. -- 初版. -- 臺北市：時報文化，2020.05｜336面；14.8×21公分. --（big；326）｜譯自：The making of a manager: what to do when everyone looks to you｜ISBN 978-957-13-8158-9（平裝）｜1.企業領導 2.組織管理 3.企業管理者｜494.2｜109003959

big 326

當上主管後，難道只能默默崩潰？：Facebook 產品設計副總打造和諧團隊的領導之路
The Making of a Manager: What to Do When Everyone Looks to You

作者：卓茉莉 Julie Zhuo｜**譯者**：許恬寧｜**副主編**：黃筱涵｜**編輯**：李雅蓁｜**封面設計**：木木 Lin｜**版型設計**：Ancy Pi、木木 Lin｜**內頁排版**：宸遠彩藝｜**校對**：蝦米工作室、李雅蓁｜**企劃經理**：何靜婷｜**第二編輯部總監**：蘇清霖｜**董事長**：趙政岷｜**出版者**：時報文化出版企業股份有限公司／108019台北市和平西路三段240號4樓｜**發行專線**：02-2306-6842｜**讀者服務專線**：0800-231-705；02-2304-7103｜**讀者服務傳真**：02-2304-6858｜**郵撥**：19344724 時報文化出版公司｜**信箱**：10899台北華江橋郵局第99信箱｜**時報悅讀網**：www.readingtimes.com.tw｜**法律顧問**：理律法律事務所／陳長文律師、李念祖律師｜**印刷**：紘億印刷有限公司｜**初版一刷**：2020年5月1日｜**初版十二刷**：2024年5月9日｜**定價**：新台幣420元｜**版權所有　翻印必究**（缺頁或破損的書，請寄回更換）

時報文化出版公司成立於一九七五年，並於一九九九年股票上櫃公開發行，於二〇〇八年脫離中時集團非屬旺中，以「尊重智慧與創意的文化事業」為信念。